公益性行业（农业）科研专项（200903004）
"主要农作物有害生物种类与发生危害特点研究"项目资助
中国主要农作物有害生物简明识别手册系列丛书

小麦主要病虫害简明识别手册

中 国 农 业 大 学
全国农业技术推广服务中心　主编

中国农业出版社

图书在版编目（CIP）数据

小麦主要病虫害简明识别手册/中国农业大学，全国农业技术推广服务中心主编. —北京：中国农业出版社，2013.1（2015.11重印）
（中国主要农作物有害生物简明识别手册系列丛书）
ISBN 978-7-109-17583-9

Ⅰ.①小… Ⅱ.①中… ②全… Ⅲ.①小麦-病虫害防治-手册 Ⅳ.①S435.12-62

中国版本图书馆CIP数据核字（2013）第008716号

中国农业出版社出版
（北京市朝阳区农展馆北路2号）
（邮政编码 100125）
责任编辑　阎莎莎　张洪光

中国农业出版社印刷厂印刷　新华书店北京发行所发行
2013年2月第1版　2015年11月北京第2次印刷

开本：720mm×1000mm　1/32　印张：9
字数：142千字　印数：10 001～13 000册
定价：30.00元
（凡本版图书出现印刷、装订错误，请向出版社发行部调换）

《中国主要农作物有害生物简明识别手册系列丛书》

总编辑委员会

顾　　问　郭予元　陈宗懋
总　　编　夏敬源
副 总 编　吴孔明　周常勇　刘万才
委　　员（按姓氏笔画排序）

刁春友　马占鸿　王文航　王玉玺　王华弟
王国平　王明勇　王凯学　王贺军　王振营
王新安　王源超　艾尼瓦尔·木沙　卢增全
冯小军　冯晓东　吕克非　刘万才　刘卫红
刘胜毅　刘家骧　刘祥贵　李　鹏　李世访
肖长惜　吴孔明　张　剑　张令军　张若芳
张跃进　张德咏　陆宴辉　陈　森　陈宗懋
陈继光　欧高财　金　星　周常勇　项　宇
钟永荣　夏敬源　徐志平　徐润邑　高雨成
郭予元　郭玉人　郭永旺　黄　冲　黄诚华
曹克强　龚一飞　梁志业　梁帝允　韩成贵
程相国　舒　畅　雷仲仁　廖华明　廖伯寿

《小麦主要病虫害简明识别手册》
编辑委员会

主　编　马占鸿
副主编　仵均祥　王海光　曲维娜　刘　琦

委　员（按姓氏笔画排序）

马　辉　马占鸿　王春荣　王海光　王惠卿
文耀东　孔丽萍　艾　东　曲维娜　吕国强
吕建平　仵均祥　刘　杰　刘　琦　刘万才
安周加　许　红　许　兵　许渭根　李　辉
李新苗　杨宁权　杨明进　杨荣明　况卫刚
冷伟锋　张　燕　张连生　张政兵　张祝华
张跃进　陆明红　陈　阳　武向文　周天云
郑永利　郑兆阳　封传红　姜玉英　胥　岩
秦引雪　谈笑凤　黄　冲　董保信　曾　娟
谢爱婷

总　　序

我国是农业大国，更是种植业大国，粮、棉、油、麻、糖、菜、果、茶等主要农作物种植面积和总产均居世界前列。种植业的持续稳定发展为确保国家粮食安全和主要农产品有效供给做出了重要贡献。但是，由于我国农业生态条件复杂，耕作制度多样，也是世界上农业有害生物灾害多发、频发和重发的国家之一。

近年来，受全球气候变暖、耕作制度变化、优质高产品种推广、病虫害抗药性上升和农产品国际贸易量激增等因素的影响，农作物有害生物种类、分布区域、发生程度和危害情况均发生了重大变化，并呈五大特点：一是生物灾害暴发频率逐年提高；二是迁飞性种类此起彼伏；三是区域性种类突发成灾；四是次要种类上升为主要种类；五是检疫性种类大肆侵入。

由于这些新的变化，我们对主要农作物有害生物的发生种类、分布区域和发生危害等基础信息不清，致使植保领域相关研究存在一定的盲目性，教学内容存在一定的模糊性，也在很大程度上影响了监测预警的准确性和防控决策的科学性。因此，开展主要农作物有害生物种类与发生危害特点研究，对于摸清我国主要农作物有害生物发生危害家底，提高植保防灾减灾水平，促进国家粮食安全和主要农产品有效供给意义十分重大。

2009年，在农业部领导的高度重视和支持下，在种植业管理司、科技教育司和财务司的大力支持下，通过国家公益性行业（农业）科研专项经费项目，设立了"主要农作物有害生物种类与发生危害特点研究"项目（编号：200903004）。该项目由全国农业技术推广服务中心牵头主持，由中国农业科学院植物保护研究所、中国农业大学、南京农业大学、华中农业大学、华南农业大学、西南大学等11家科研教学单位和河北、江苏、陕西、辽宁、湖北、广西、四川等31个省、自治区、直辖市植保植检站等共42家单位参加,以粮(水稻、小麦、玉米、大豆、马铃薯)、棉(棉花)、麻(类)、油(油菜、花生)、糖(甘蔗、甜菜)、果(柑橘、苹果、梨)、茶(茶树)等七大类15种主要农作物的病、虫、草、鼠害为研究对象,从5个层面开展相关调查研究工作:一是查清主要农作物有害生物种类;二是查实主要有害生物分布范围;三是明确重要有害生物发生危害损失;四是分析重大有害生物演变趋势;五是建立有害生物调查技术体系。

根据项目研究工作计划,通过普查研究工作,要在查清我国主要农作物有害生物种类的基础上,编撰出版《中国主要农作物有害生物简明识别手册系列丛书》,以方便广大基层植保技术人员识别病虫发生种类,掌握重大有害生物发生动态，提高监测预警与防控水平，不断提高我国的植物保护的科技水平。

希望本系列图书的出版发行对于推动我国的植物保护事业的科学发展发挥积极作用，作出应有贡献！

2011年11月

前　言

小麦是我国主要的粮食作物之一，小麦病虫害种类繁多，严重威胁着小麦的安全生产。近年来，随着气候、种植制度、贸易和小麦品种等的变化，小麦病虫害的发生也出现了新的变化，一些病虫害在部分地区由次要病虫害上升为主要病虫害，一些地区出现新传入的病虫害。摸清我国小麦病虫害的发生情况，对于小麦病虫害的综合治理和小麦安全生产具有重要意义。

为落实公益性行业（农业）科研专项经费项目"主要农作物有害生物种类与发生危害特点研究"课题"小麦有害生物种类与发生危害特点研究"的有害生物调查任务，我们根据多年对小麦病虫害的研究实践和经验，组织编写了《小麦主要病虫害简明识别手册》，以便于基层植保部门在田间调查时参考使用。

本《手册》共收录小麦病害45种,虫害61种。

感谢公益性行业(农业)科研专项(200903004)的资助。

小麦有害生物种类与发生危害特点研究课题组
2012年5月

目　录

总序
前言

病　害

小麦条锈病 …………………………… 2
小麦秆锈病 …………………………… 6
小麦叶锈病 …………………………… 9
小麦白粉病 …………………………… 13
小麦普通根腐病 ……………………… 16
小麦镰刀菌根腐病 …………………… 20
小麦雪霉叶枯病 ……………………… 23
小麦黄斑叶枯病 ……………………… 27
小麦链格孢叶枯病 …………………… 29
小麦壳针孢叶枯病 …………………… 31
小麦颖枯病 …………………………… 34
小麦全蚀病 …………………………… 37
小麦纹枯病 …………………………… 41
小麦赤霉病 …………………………… 45
小麦白秆病 …………………………… 49
小麦灰霉病 …………………………… 52
小麦炭疽病 …………………………… 54

小麦蜜穗病 … 56
小麦黑颖病 … 58
小麦细菌性条斑病 … 61
小麦黑节病 … 63
小麦糜疯病 … 65
小麦雪腐病 … 67
小麦卷曲病 … 69
小麦霜霉病 … 71
小麦粒线虫病 … 74
小麦禾谷胞囊线虫病 … 77
小麦秆枯病 … 80
小麦眼斑病 … 82
小麦散黑穗病 … 84
小麦腥黑穗病 … 87
小麦秆黑粉病 … 90
小麦丛矮病 … 92
小麦黄矮病毒病 … 95
小麦红矮病毒病 … 98
小麦蓝矮病 … 100
小麦梭条斑花叶病毒病 … 102
小麦土传花叶病毒病 … 104
小麦干热风害 … 106
小麦冻害 … 108
小麦湿害 … 110
小麦越冬死苗 … 112
小麦麦角病 … 114

小麦穗煤污病………………… 116
小麦茎基腐………………… 118

虫　害

日本菱蝗………………… 122
隆背菱蝗………………… 124
笨蝗………………… 126
东亚飞蝗………………… 128
日本黄脊蝗………………… 131
华北蝼蛄………………… 133
东方蝼蛄………………… 136
禾蓟马………………… 138
花蓟马………………… 140
稻管蓟马………………… 143
绿盲蝽………………… 146
苜蓿盲蝽………………… 148
中黑盲蝽………………… 150
三点盲蝽………………… 152
赤须盲蝽………………… 154
根土蝽………………… 156
横纹菜蝽………………… 158
稻绿蝽………………… 160
斑须蝽………………… 162
西北麦蝽………………… 165
麦二叉蚜………………… 167
禾谷缢管蚜………………… 170

麦长管蚜	172
麦无网长管蚜	174
灰飞虱	176
白背飞虱	178
黑尾叶蝉	180
电光叶蝉	183
条沙叶蝉	185
白翅叶蝉	188
大青叶蝉	190
麦蛾	192
麦茎谷蛾	194
草地螟	196
小地老虎	199
黄地老虎	203
棉铃虫	206
黏虫	210
沙潜	214
蒙古土潜	217
沟金针虫	219
细胸金针虫	222
褐纹金针虫	224
华北大黑鳃金龟	227
暗黑鳃金龟	230
棕色鳃金龟	232
黑皱鳃金龟	234
铜绿丽金龟	237

名称	页码
中华弧丽金龟	239
小麦沟牙甲	241
麦茎叶甲	244
麦茎蜂	246
小麦叶蜂	248
麦红吸浆虫	251
麦黄吸浆虫	255
麦瘦种蝇	257
绿麦秆蝇	259
麦鞘毛眼水蝇	262
麦叶灰潜蝇	265
麦岩螨	268
麦圆叶爪螨	271

病害
BINGHAI

小麦条锈病

病原 *Puccinia striiformis* West. f. sp. *tritici* Eriks.，条形柄锈菌小麦专化型，担子菌门真菌。

分布 全国主要麦区均有发生，主要发生在甘肃、四川、湖北、云南、青海、新疆、宁夏、河南、陕西、山东、河北、山西、贵州等地。

症状 主要危害叶片，叶鞘、茎秆和穗部也可受害。苗期发病，幼苗叶片上产生多层轮状排列的鲜黄色夏孢子堆。成株期发病，叶片表面初期出现褪绿斑点，之后长出夏孢子堆，夏孢子堆为小长条状，鲜黄色，椭圆形，与叶脉平行，且排列成行，像缝纫机轧过的针脚，呈虚线状；小麦近成熟时，叶鞘上出现圆形至卵圆形的夏孢子堆。夏孢子堆破裂散出鲜黄色的夏孢子。后期发病部位产生黑色冬孢子堆。冬孢子堆短线状，扁平，常数个融合，埋生在寄主表皮下，成熟时不开裂，区别于小麦秆锈病。

病原特征 菌丝丝状，有分隔，在寄主细胞间隙扩展蔓延，利用吸器吸取小麦细胞内的营养物质，在发病部位产生孢子堆。夏孢子单胞，球形，鲜黄色，表面有细刺，大小为 $32\sim40\mu m\times22\sim29\mu m$，具有 6~16 个发芽孔。冬孢子双胞，棍棒形，褐色，上浓下淡，顶部扁平或斜切，分隔处略缢缩，大小为 36~68μm×12~20μm，柄短。该菌具有明显的生理分化现象，我国已发现33个生理小种，分别为条中1~33号，条锈病菌生理小种易产生变异。

发病规律　病菌以夏孢子在小麦上完成周年的侵染循环。其侵染循环可分为越夏、秋苗发病、越冬及春季流行四个环节。越夏是小麦条锈病菌侵染循环中的关键环节。该病菌在夏季最热一旬平均气温超过23℃的情况下不能越夏。在我国，该病菌主要在夏季冷凉山区和高原地区的晚熟小麦、自生麦苗和其他越夏寄主上越夏。甘肃陇东、陇南，青海东部，四川西北部等地是我国小麦条锈病菌的主要越夏区。秋季，越夏菌源随气流传播到我国冬麦区后，遇适宜温湿度条件即侵染秋苗，秋苗多在冬小麦播种后1个月左右发病。秋苗发病早晚及发病程度与距离菌源远近和播期早晚有关，距越夏菌源越近、播种越早，则秋苗发病越重。当平均气温降至1~2℃时，条锈病菌开始进入越冬阶段，在最低月平均气温低于-7℃的山东德州、河北石家庄、山西介休至陕西黄陵一线以北，病菌不能越冬，而在这一线以南冬季最低月平均气温不低于-7℃的四川、云南、湖北、河南信阳、陕西关中、陕西安康等地，病菌以菌丝状态在小麦叶组织中越冬，成为当地及邻近麦区春季流行的重要菌源。另外,江淮、江汉和四川盆地等麦区为小麦条锈病菌的"冬繁区",该菌在冬季可以持续侵染蔓延。第2年小麦返青后,越冬菌丝体复苏扩展,当旬均温上升至5℃时显症产孢,如遇春雨或结露,病害扩展蔓延迅速,导致春季流行。感病品种大面积种植、越冬菌量大和春季降雨多等是小麦条锈病春季流行的重要条件。较长时间无雨、无露,病害扩展常常中断。品种抗病性差异明显,但如果大面积种植具同一抗源的品种,由于病菌生理小种的改变,往往易造成抗病性丧失。

防治要点 (1)选用抗病品种,做到抗源布局合理及品种定期轮换。(2)农业防治。①适期播种,适当晚播可减轻秋苗期条锈病的发生。②消除自生麦苗。③施用腐熟有机肥或堆肥,增施磷钾肥,搞好氮磷钾合理搭配,增强小麦抗病力。速效氮不宜过多、过迟施用,防止小麦贪青晚熟,加重受害。④合理灌溉,雨水多的麦区注意开沟排水,后期发病重的麦区需适当灌水,减少产量损失。(3)药剂防治。①药剂拌种:25%三唑酮可湿性粉剂15g拌麦种150kg或12.5%烯唑醇(特谱唑、速保利)可湿性粉剂60~80g拌麦种50kg。②叶面喷雾防治:针对发病秋苗,可适当用药喷雾防治,压低秋苗菌量。小麦拔节或孕穗期病叶普遍率达2%～4%，严重度达1%时喷施20%三唑酮乳油或12.5%烯唑醇可湿性粉剂1 000～2 000倍液、25%丙环唑（敌力脱）乳油2 000倍液，做到普治与挑治相结合。

小麦条锈病叶片症状

小麦秆锈病

病原 *Puccinia graminis* Pers. f. sp. *tritici* Eriks. & Henn.，禾柄锈菌小麦专化型，担子菌门真菌。

分布 主要发生在华东沿海、长江流域、南方冬麦区及内蒙古、西北春麦区等地。

症状 主要危害叶鞘和茎秆，也可危害叶片和穗部。夏孢子堆大，长椭圆形，深褐色或黄褐色，排列不规则，散生，常连成大斑，成熟后表皮大片开裂且外翻成唇状，散出大量锈褐色粉状物（夏孢子）。后期在夏孢子堆及其附近出现黑色椭圆形至长条形冬孢子堆，后表皮破裂，散出黑色粉状物（冬孢子）。

病原特征 菌丝丝状，有分隔，在小麦细胞间隙寄生。夏孢子单胞，椭圆形，暗橙黄色，大小为 $17 \sim 47 \mu m \times 14 \sim 22 \mu m$，表面生有细刺，中部有4个发芽孔。冬孢子双胞，棍棒形至纺锤形，浓褐色，大小为 $35 \sim 65 \mu m \times 11 \sim 22 \mu m$，顶端壁略厚，圆形或稍尖，柄长。该菌为转主寄生菌，可产生5种不同类型的孢子。冬孢子萌发产生担孢子，担孢子危害转主寄主小檗，在小檗叶片正面形成性孢子器和性孢子，在叶背面产生锈孢子器和锈孢子，锈孢子侵染小麦形成夏孢子和冬孢子。小麦秆锈病菌具有明显的生理分化现象，目前我国已发现16个生理小种，其中21C3小种是优势小种。

发病规律 在我国小麦秆锈病侵染循环中转主寄主作用不大或不起作用，秆锈病菌主要以夏孢子完成病害的侵染循环。在我国，小麦秆锈病菌主要以夏孢子世代在福建、广东等东南沿海地区和云南南部等西南局部地区越冬。翌春，夏孢子由越冬区自南向北、向西逐步传播，经长江流域、华北平原到达东北、西北和内蒙古等地春麦区。秆锈病菌越夏区较广，在西北、华北、东北及西南冷凉麦区晚熟冬春麦和自生麦苗上可以越夏并不断繁殖蔓延。病菌在山东胶东和江苏徐淮平原麦区自生麦苗上也可越夏。秋季，越夏秆锈病菌夏孢子随高空气流由西向东传播到东南沿海的福建、广东等地，或由北向南传播到云南、贵州等西南越冬区，引起秋苗发病。夏孢子借助气流远距离传播，从气孔侵入寄主，病菌侵入适宜温度为 $18 \sim 22℃$。秆锈病流行需要较高的温度和湿度，尤其需要液态水，如降水、结露或有雾。露时越长，侵入率越高，在叶面湿润时、温度（露温）适宜时侵入，需要露时 $8 \sim 10h$，生产上若遇露温高、露时长，则发病重。小麦品种间抗病性差异明显，秆锈病菌生理小种变异不快，品种抗病性较稳定，近20年来我国没有发生小麦秆锈病的大流行。

防治要点 （1）选用抗病品种。（2）药剂防治。参见小麦条锈病。

（李辉 摄）

小麦秆锈病叶部危害症状

小麦秆锈病茎部危害症状

小麦叶锈病

病原 *Puccinia recondita* Rob. ex Desm. f. sp. *tritici* Eriks. & Henn.，隐匿柄锈菌小麦专化型，担子菌门真菌。

分布 主要发生在河北、山西、内蒙古、河南、山东、贵州、云南、黑龙江、吉林等地。

症状 主要危害叶片，有时也可危害叶鞘和茎秆。夏孢子堆圆形至长椭圆形，橘红色，比秆锈病菌夏孢子堆小，比条锈病菌夏孢子堆大，呈不规则散生，在初生夏孢子堆周围有时产生数个次生的夏孢子堆，多发生在叶片正面，少数可穿透叶片，在叶片正反两面同时形成夏孢子堆。夏孢子堆表皮开裂后，散出橘黄色的夏孢子。冬孢子堆主要产生在叶片背面和叶鞘上，圆形或长椭圆形，黑色，扁平，排列散乱，成熟时不破裂。小麦三种锈病的区别可用"条锈成行叶锈乱，秆锈是个大红斑"来概括。

病原特征 夏孢子单胞，球形或近球形，黄褐色，表面具细刺，有6～8个散生的发芽孔，大小为18～29μm×17～22μm。冬孢子双胞，棒状，暗褐色，顶平，柄短，大小为39～57μm×15～18μm。冬孢子萌发时产生4个担孢子，侵染转主寄主，在其上产生性孢子器和锈孢子器。性孢子器橙黄色，球形或扁球形，埋生在寄主表皮下，产生橙黄色椭圆形性孢子。锈孢子器着生在与性孢子器对应的叶背病斑处，能产生链状球形锈孢子，锈孢子大小为16～26μm×16～20μm。在区别小麦叶锈病菌与小麦条锈病菌时，分别挑取少许夏孢子，滴一滴浓盐酸或正磷酸，加盖玻片镜检，条锈病菌夏孢子原生质浓缩成多个小团，叶锈病菌夏孢子原生质则在中央浓缩成一团。

发病规律　小麦叶锈病菌是一种转主寄生病菌，在小麦上产生夏孢子和冬孢子，冬孢子萌发产生担孢子，在转主寄主唐松草（*Thaclictrum* spp.）和小乌头（*Isopyrum fumarioides*）上产生性孢子和锈孢子。我国尚未证实有转主寄主，仅以夏孢子世代完成其侵染循环。该菌在华北、西北、西南、中南等麦区的自生麦苗和晚熟春麦上以夏孢子连续侵染的方式越夏，秋季就近侵染秋苗，并向邻近地区传播。该菌的越冬形式和越冬条件与条锈病菌类似。该菌夏孢子萌发后产生芽管，从气孔侵入，在20～25℃下经6d潜育期后，在叶面上产生夏孢子堆和夏孢子，经气流传播，可进行多次侵染。秋苗发病后，病菌以菌丝体潜伏在叶片内或少量以夏孢子越冬，在冬季温暖麦区，病菌可不断传播蔓延。病菌不能在北方春麦区越冬，而是由外地菌源传播而来，引起发病。冬小麦播种早、出苗早,发病重。9月上中旬播种的易发病,冬季气温高,雪层厚,覆雪时间长,土壤湿度大,发病重。叶锈病菌存在明显的生理分化现象,毒性强的生理小种多,能使小麦抗病性"丧失",造成大面积发病。

(李辉 摄)

小麦叶锈病危害症状

防治要点　应采取以种植抗病品种为主，以药剂防治和农业防治为辅的综合防治措施。(1) 种植抗耐病品种。(2) 药剂防治。①药剂拌种：用种子质量0.2%的20%三唑酮乳油拌种。②用15%保丰1号种衣剂（活性成分为三唑酮、多菌灵、辛硫磷）包衣，包衣后种子自动固化成膜状，播种后形成保护圈，持效期长。每千克种子用4 g种衣剂包衣防治小麦叶锈病、白粉病、全蚀病效果较好，并可兼治地下害虫。③发病初期喷施20%三唑酮乳油1 000倍液可兼治条锈病、秆锈病和白粉病，隔10~20d喷施1次，防治1~2次。(3) 加强栽培管理。适期播种，消灭杂草和自生麦苗，适时适量施肥，避免过多、过迟施用氮肥，雨季及时排水。

小麦白粉病

病原 *Blumeria graminis* (DC.) Speer f. sp. *tritici* Marchal,禾本科布氏白粉菌小麦专化型,子囊菌门真菌。异名为 *Erysiphe graminis* DC. f. sp. *tritici* Marchal。

分布 该病在山东沿海、四川、贵州、云南发生普遍,危害严重。近年来,在东北、华北、西北麦区日趋严重,是我国小麦病害中发生面积最大的病害之一。

症状 小麦白粉病在苗期至成株期均可发病。主要危害叶片,严重时也可危害叶鞘、茎秆和穗部。该病发生时,叶面出现 1~2mm 的白色霉点,后逐渐扩大为近圆形至椭圆形白色霉斑,霉斑表面有一层白粉状霉层(菌丝体和分生孢子),遇有外力或振动立即飞散。后期霉层由白色变为灰白色,最后变为浅褐色,上面散生有针头大小的黑色小粒点(闭囊壳)。

病原特征 菌丝体表寄生,蔓延于寄主表面,在寄主表皮细胞内形成吸器吸收寄主营养。在与菌丝垂直的分生孢子梗端,串生 10~20 个分生孢子。分生孢子椭圆形,单胞,无色,大小为 $25~30\mu m \times 8~10\mu m$,可保持侵染力 3~4d。闭囊壳球形,黑色,直径为

135～280μm，外有发育不全的18～52根丝状附属丝，内含9～30个子囊。子囊长圆形或卵形，内含8个子囊孢子，有时4个。子囊孢子圆形至椭圆形，单胞，无色，单核，大小为18.8～23μm×11.3～13.8μm。闭囊壳一般在小麦生长后期形成，其成熟后在适宜温湿度条件下开裂，释放出子囊孢子。小麦白粉病菌不能侵染大麦，大麦白粉病菌也不能侵染小麦。小麦白粉病菌属于专性寄生菌，只能在活的寄主组织上生长发育，具有明显的生理分化现象，毒性变异快。

发病规律 小麦白粉病菌可以分生孢子在夏季气温较低地区的自生麦苗上或夏播小麦植株上越夏，在干燥和低温条件下，也可以闭囊壳的形式在病残体上越夏。越夏后，病菌侵染秋苗，引起秋苗发病。病菌一般以菌丝体在冬麦苗上越冬，也有以闭囊壳在病残体上越冬的。病菌分生孢子或子囊孢子经气流传播到感病小麦植株上，如温度、湿度等条件适宜，即可萌发产生芽管，进而形成附着胞和侵入丝直接穿透寄主表皮，侵入寄主表皮细胞，完成侵染并建立寄生关系。随后菌丝在寄主组织表面不断蔓延生长，并分化形成分生孢子梗，其上产生成串的分生孢子。分生孢子成熟后脱落，随气流传播，进而引起多次再侵染。

防治要点 （1）选用抗病品种。(2) 农业防治。施用腐熟有机肥或堆肥,采用配方施肥技术,适当增施磷钾肥,根据品种特性和地力合理密植。南方麦区雨后及时排水,降低田间湿度。北方麦区适时浇水,增强寄主抗病力。自生麦苗越夏地区,在冬小麦秋播前应及时清除自生麦苗,减少秋苗菌源。(3)药剂防治。在越夏区和秋苗发病较重地区用15%三唑酮可湿性粉剂拌种防治白粉病,并可兼治黑穗病、条锈病等。在春季发病初期或发病盛期及时喷施三唑酮、烯唑醇、丙环唑、退菌特、多菌灵等药剂。

(李辉 摄)

(刘宝平 摄)

小麦白粉病叶部危害症状

小麦普通根腐病

病原　无性态为 *Bipolaris sorokiniana* (Sacc. ex Sorok.) Shoem.，麦根腐平脐蠕孢，半知菌类真菌，异名为 *Helminthosporium sorokinianum*、*H. sativum*、*Drechslera sorokiniana*。有性态为 *Cochliobolus sativus* (Ito et Kurib.) Drechsler，禾旋胞腔菌，子囊菌门真菌。

分布　我国各冬、春麦区均有发生。

症状　小麦各生育期均可发生。幼苗期引致芽腐和苗枯，成株期引致叶片早枯、穗腐、根腐、茎基腐、叶斑、黑胚粒、籽粒秕瘦等。其中成株期叶斑症状发生最普遍，危害最重。

芽腐、苗枯　发病重的种子不能萌发或刚萌芽就变褐腐烂。发病轻的种子可萌发出土，但胚芽鞘或地下部分发病，产生褐色病斑，多在冬前死亡或产生弱苗。

根腐、茎基腐　在苗期的胚芽鞘、地下茎或幼根上出现褐色病变，局部组织腐烂或坏死，常致地下茎基近分蘖节处出现褐色病斑，近地面叶鞘上产生褐色梭形斑，大小为 3～5mm×1～3mm，一般不深达茎节内部。常引致幼苗发黄，田间出现一片片浅绿至浅黄色，病苗矮小、稀疏、叶直立。成株期下部1～2叶叶尖枯焦1～2cm，根部发育不良，生根少，种子根、茎基表面出现褐色斑点，可深达内部，发病部分腐烂坏死，严重的次生根根尖或中部也变褐腐烂、分蘖枯死，或生育中后期部分或全株完全死亡。

叶斑 秋苗期或早春发病，在近地面叶片上产生很多外缘黑褐色、中部浅褐色的梭形小斑。拔节期至成株期发病，产生典型的浅褐色、椭圆形至梭形大斑，大小为1～3cm×0.5～1cm，周围具黄色晕圈，病斑中间枯黄色，上面产生黑色霉状物，病情扩展快时，病斑融合，致使叶片部分或全叶干枯。有些品种产生椭圆形ът深褐色小斑，长约1cm。

穗腐、黑胚粒 穗部发病，在颖壳或穗轴上产生褐色不规则形病斑，常致大部分颖壳或穗轴变褐，潮湿情况下产生一层黑色霉状物，严重的引致半穗或全穗枯死。病颖上的菌丝侵染种子，胚变为深褐色，出现黑胚粒，种子干瘪皱缩。

病原特征 分生孢子梗产生于叶片正反两面，正面居多，2～5根丛生或单生，直立或呈屈膝状弯曲或扭曲，浅褐色或暗褐色，基部膨大。分生孢子梭形或椭圆形，略弯，暗橄榄褐色，具3～12个隔膜，多为6～10个，大小为40～120μm×17～28μm，长多为60～100μm，脐部明显，端平截。假囊壳直径为530μm。子囊棒状，大小为110～230μm×30～45μm，每个子囊含1～8个子囊孢子。子囊孢子无色至浅褐色，细长，有6～13个分隔，大小为160～360μm×6～9μm。在自然条件下很少产生有性态。菌丝生长温度范围为4～37℃，分生孢子萌发温度范围为3～39℃，最适温度为22℃，生长的pH范围为2.7～10.3。

发病规律　病菌随病残体在土壤中或在种子上越冬或越夏，经胚芽鞘或幼根侵入，引起地下茎、次生根等部位发病。带菌种子是苗期发病的重要初侵染来源。在土壤中寄主病残体彻底分解腐烂后，病菌丧失侵染能力。小麦拔节期至成株期，根腐继续扩展的同时，叶斑症状也从下而上不断扩展，地面上的病残体和植株发病部位不断产生大量分生孢子，借风雨传播，进行多次再侵染。该病潜育期不超过7d，菌量积累速度快，达到流行临界菌量早，当气温为18～25℃，相对湿度为100%时，功能叶片和麦穗就会大量发病或流行成灾。此外，栽培措施对该病发生也有直接影响。春麦迟播或冬麦早播易发病，种植过密发病重。在田间管理上凡能减少田间病残体数量或促进土壤中病残体腐烂的措施（如深翻、中耕、施肥、浇水等）均可减少病菌数量，发病轻。品种间抗病性有差异。

防治要点　该病为全生育期病害，穗期叶斑和穗腐是防治的关键。减少田间菌源，降低病菌积累速度,保护成株功能叶片,可达到有效防治该病的目的。(1)农业防治。提倡轮作,以减少土壤中的菌量,秋翻灭茬,加强夏、秋两季田间管理,加快土壤中病残体分解。选用无病种子,适时适量播种,提高播种质量,减轻苗期发病。施用腐熟的堆肥或有机肥。(2)选用抗病耐病品种。(3)药剂防治。①种子处理:用种子质量0.2%~0.3%的50%福美双可湿性粉剂拌种,或33%纹霉净可湿性粉剂按种子质量0.2%拌种,也可用20%三唑酮乳油按种子质量0.1%~0.3%拌种。②用50%退菌特或70%代森锰锌可湿性粉剂100倍液浸种24~36h,防治效果达80%以上。③成株期当初穗期小麦中下部叶片发病重,且多雨时,喷洒70%代森锰锌或50%福美双可湿性粉剂500倍液、20%三唑酮(粉锈宁)乳油或15%三唑醇(羟锈宁)可湿性粉剂2 000倍液、25%丙环唑(敌力脱)乳油2 000~4 000倍液,能有效控制该病的扩展。

小麦普通根腐病叶部危害症状

小麦镰刀菌根腐病

病原 *Fusarium graminearum* Schw., 禾谷镰孢；*F. avenaceum* (Fr.) Sacc., 燕麦镰孢；*F. culmorum* (Smith) Sacc., 黄色镰孢；均属半知菌类真菌。

分布 该病在全国各地麦区均有发生，东北、西北春麦区发生重，黄淮海冬麦区也很普遍。

症状 小麦各个生育期均可发病。苗期引起根腐，严重时可造成烂芽和苗枯；成株期引起叶斑、穗腐或黑胚。该病症状与小麦普通根腐病相似。

苗期 种子带菌严重的不能发芽，轻者能发芽，但不能出土，或虽能发芽出苗，但生长细弱。幼苗发病后在芽鞘上产生黄褐色至黑褐色梭形病斑，边缘清晰，中间稍褪色，扩展后引起根部、分蘖节和茎基部变褐，病组织逐渐坏死，表面产生黑色霉状物，最后根部腐烂，麦苗平铺在地上，下部叶片变黄，逐渐枯黄而死。

成株期 初期叶片上出现梭形褐色小斑，后扩展为长椭圆形或不规则形浅褐色病斑，病株根系变褐腐烂，叶鞘上以及叶鞘与茎秆之间常有白色菌丝和淡红色霉状物（分生孢子）。发病重的植株叶片自下而上青枯，白穗不实；

发病轻的植株长势弱,种子干瘪皱缩。

病原特征　大型分生孢子多细胞,镰刀形;小型分生孢子单细胞,椭圆形至卵圆形。

发病规律　病菌以菌丝体和厚垣孢子在病残体和土壤中越冬。生产上播种带菌种子也可引致苗期发病。苗期是主要侵染时期,病原菌多由根茎部伤口和根茎幼嫩部分侵入。

防治要点　(1)选用抗病品种。(2)施用腐熟的有机肥或堆肥。麦收后及时耕翻灭茬,使病残组织当年腐烂,以减少下年初侵染来源。(3)采用小麦与豆科、马铃薯、油菜等轮作方式进行换茬,适时早播,浅播,土壤过湿的要散墒后播种,土壤过干则应采取镇压保

苗期根部症状

中期根颈部症状

青枯和白穗

墒等农业措施减轻受害。(4) 药剂防治。①播种前可用50%异菌脲(扑海因)可湿性粉剂、75%卫福合剂、58%倍得可湿性粉剂、70%代森锰锌可湿性粉剂、50%福美双可湿性粉剂、20%三唑酮乳油或80%喷克可湿性粉剂,按种子质量的0.2%～0.3%拌种,防效可达60%以上。②成株开花期喷施25%敌力脱乳油4 000倍液,或50%福美双可湿性粉剂每667m^2用药100g,对水75kg喷施。

小麦雪霉叶枯病

病原 无性态为 *Microdochium nivalis* (Fr.) Samuels & Hallett，雪腐微座孢，半知菌类真菌，异名为 *Gerlachia nivale* (Ces.) W.Gams et E.Mull.、*Fusarium nivale* (Fr.) Ces.。有性态为 *Monographella nivalis* (Schaffn.) Mull.，雪腐小画线壳，子囊菌门真菌。

分布 主要发生在陕西、甘肃、宁夏、青海、新疆、四川、贵州、西藏、河南以及长江中下游等地。

症状 小麦萌芽期至成熟前均可发病。危害幼芽、叶片、叶鞘和穗部，产生芽腐、苗枯、鞘腐、叶枯、穗腐等症状，其中叶枯和鞘腐危害最重。

芽腐、苗枯 种子萌发后，胚根、胚根鞘、胚芽鞘腐烂变色，胚根少，根短。胚芽鞘上产生条形或长圆形黑褐色病斑，表面生有白色菌丝。病苗基部叶鞘变褐坏死，导致整叶变褐或变黄枯死。病苗生长弱，苗矮，第1叶和第2叶短缩，根系不发达或短，发病重时整株呈水渍状变褐腐烂或死亡。枯死苗倒伏，表面生有白色菌丝层，有时呈砖红色。

基腐、鞘腐 拔节后发病部位上移，病株基部1～2节的叶鞘变褐腐烂，叶鞘枯死后由深褐变浅，至枯黄色，与叶鞘相连叶片发病或迅速变褐枯死。上部叶鞘的鞘腐多从与叶片相连处始发，后向叶片基部和叶鞘中下部发展，发病叶鞘变为枯黄色或黄褐色，变色部位无明显边缘，湿度大时，上面产生稀疏的红色霉状物。上部叶鞘发病后可致使旗叶和旗下一叶枯死。

叶枯 病斑初期呈水渍状，逐渐扩展为近圆形或椭圆形大斑。叶缘病斑多呈半圆形。病斑直径为1～4 cm，边缘灰色，中央污褐色，呈浸润性地向四周扩展，常形成数层不明显的轮纹，病斑表面常产生砖红色霉状物。湿度大时，病斑边缘产生白色菌丝层，有时产生黑色粒点（子囊壳）。后期多数病叶枯死。

穗腐 个别小穗或少数小穗发病，颖壳上产生水渍状黑褐色病斑，表面产生红色霉状物，小穗轴变褐腐烂，个别穗颈或穗轴变褐腐烂，严重时全穗或局部变黄枯死，病粒皱缩变褐，表面产生白色菌丝层。

病原特征 病菌在病叶上产生分生孢子座，分生孢子座内产生分生孢子。分生孢子新月形，两端钝圆，无脚胞，无色，具1～3个隔膜，多为1个或3个隔膜，大小为11.3～22.8 μm×2.3～3.3 μm。子囊壳埋生，球形或卵形，大小为160～250 μm×90～100 μm，顶端乳头状，有孔口，内有侧丝，子囊壳壁厚，具内外两层。子囊棒状或圆柱状，大小为40～70μm×35～65μm。子囊内可产生6～8个子囊孢子。子囊孢子纺锤形或椭圆形，无色透明，具1～3个隔膜，大小为10～18μm×3.6～4.5μm。

发病规律 病菌以菌丝体或分生孢子在种子、土壤和病残体上越冬，后侵染叶鞘，随后向其他部位扩展，进行多次侵染，使病害不断扩展蔓延。病菌生长温度范围为-2～30℃，最适温度为19～21℃。西北地区4～5月降雨多的年份，温度低、湿度大有利于该病发生。青藏高原麦区7～8月多雨、气温偏低，除危害叶片外，还可引致穗腐。潮湿多雨和比较冷凉的阴湿山区和平原灌区易发病。小麦抽穗后20多天，降水量对上位叶发病影响较大。小麦拔节孕穗期间受冻害，抗病性降低。品种间抗病性差异明显。

在春麦区，小麦灌浆期至乳熟期是该病流行盛期。水肥管理、播期、密度等与病害发生关系密切。春季灌水过量、浇水次数过多、生育后期大水漫灌或土壤湿度大、地下水位高、田间湿度大、施用氮肥过量、施用时期过晚的田块，易发病。播种过早、播种量过大、田间群体密度大，发病重。

防治要点 （1）选用抗病品种和无病种子。（2）适时播种，合理密植。对分蘖性强的矮秆品种应注意控制播种量。施用充分腐熟的有机肥或堆肥，避免偏施氮肥，适当控制追肥。控制灌水，冬季灌饱，春季尽量不灌或少灌，早春耙耱保墒，严禁连续灌水和大水漫灌，雨后及时排水。(3) 在发病初期及时喷施杀菌剂进行防治。可选用80%多菌灵超微粉剂1 000倍液、36%甲基硫菌灵悬浮剂500倍液、50%苯菌灵可湿性粉剂1 500倍液、25%三唑酮乳油2 000倍液等。

（宁毓华　摄）
小麦雪霉叶枯病危害症状

小麦黄斑叶枯病

又称小麦黄斑病。

病原 无性态为 *Drechslera triticirepentis* (Died.) Shoem.，小麦内脐蠕孢，半知菌类真菌，异名为 *Helminthosporium triticivulgaris* Nisikado。有性态为 *Pyrenophora triticirepentis* (Died.) Drechsler，偃麦草核腔菌，子囊菌门真菌。

分布 在陕西、甘肃、青海、河南以及长江中下游冬、春麦区都有不同程度发生。

症状 主要危害叶片，有时与其他叶斑病混合发生。叶片发病初期产生黄褐色斑点，逐渐扩展为椭圆形至纺锤形大斑，大小为 7～30mm×1～6mm，病斑中部颜色较深，有不明显的轮纹，边界不明显，外围有黄色晕圈，后期多个病斑融合，致使叶片变黄干枯。

病原特征 子囊孢子无色至黄褐色，长椭圆形，具有3个横隔膜、没有或有1个纵隔膜，大小为 42～69μm×14～29μm。分生孢子浅色至枯草色，圆柱形，直或稍弯，顶端钝圆，下端呈蛇头状尖削，脐点凹陷于基细胞内，具有1～9个隔膜，大小为 80～250μm×14～20μm。

发病规律 病菌随病残体在土壤或粪肥中

越冬。翌年小麦生长期，子囊孢子侵染小麦植株发病，发病部位产生分生孢子。分生孢子借风雨传播进行再侵染，使病害不断扩展蔓延。

防治要点　参见小麦普通根腐病。

（李辉　摄）

小麦黄斑叶枯病危害症状

小麦链格孢叶枯病

病原 *Alternaria triticina* Prasada & Prabhu,小麦链格孢,异名为 *A. tenuissima* (Fr.) Wiltshire,半知菌类真菌。

分布 全国各冬、春麦区均有发生。

症状 主要危害叶片和穗部,造成叶枯和黑胚症状。病害从下部叶片向上扩展。发病初期,产生卵形至椭圆形褪绿小斑,逐渐扩展为中部呈灰褐色、边缘黄色的长圆形病斑,湿度大时,病斑上产生灰黑色霉层,严重时叶鞘和麦穗枯萎。

病原特征 分生孢子梗直,单生或丛生,橄榄色或黑褐色,大小为 $30\sim110\mu m\times4\sim7\mu m$。分生孢子卵形或倒棍棒形,褐色,有喙,具有 $0\sim6$ 个纵隔膜,$1\sim9$ 个横隔膜,串生,大小为 $20\sim60\mu m\times11\sim20\mu m$。病菌生长温度范围为 $5\sim35℃$,适宜温度为 $20\sim24℃$。

发病规律 病菌随病残体在土壤中越冬或越夏,种子可带菌。翌年春天形成分生孢子借助风雨传播,侵染春小麦或返青后的冬小麦叶片。低洼潮湿或地下水位高的麦田发生重。接近成熟期,寄主抗性下降,该病扩展很快。

防治要点 (1)施用充分腐熟的有机肥或

堆肥，采用配方施肥技术。(2) 及时喷施75%百菌清可湿性粉剂600倍液、70%代森锰锌可湿性粉剂500倍液、64%杀毒矾可湿性粉剂500倍液或50%异菌脲（扑海因）可湿性粉剂1 500倍液。

小麦链格孢叶枯病危害症状

小麦壳针孢叶枯病

又称小麦斑枯病。

病原 无性态为 *Septoria tritici* Rob. et Desm.，小麦壳针孢，半知菌类真菌。有性态为 *Mycosphaerella graminicola* Fuck.，禾生球腔菌，子囊菌门真菌。

分布 我国主要麦区均有发生，局部地区发生普遍，危害严重。

症状 主要危害叶片和叶鞘，也可危害茎秆和穗部。拔节期至抽穗期危害严重。叶片发病由下向上扩展。叶片发病初期，在叶脉间出现淡绿至黄色纺锤形病斑，逐渐扩展连片形成褐白色大斑，上面产生黑色小粒点（分生孢子器）。有时病斑为黄色条纹状，叶脉色泽黄绿色，形似小麦黄矮病，但其条纹边缘为波浪形，贯通全叶，严重时黄色部分变为枯白色，上面产生黑色小粒点（分生孢子器）。有时病叶仅叶尖发病干枯，有时病叶很快变黄、下垂。病斑有时从叶鞘向茎秆扩展，并侵染穗部颖壳，使之干枯。

病原特征 分生孢子器埋生于叶片表皮下，扁球形，黑褐色，大小为150～200μm×60～100μm，孔口略突。分生孢子无色，有大、小两种类型,大型分生孢子较多见,长而微弯,有3～5个隔,大小为35～98μm×1～3μm;小型分生孢子单胞,细短,大小为5～9μm×0.3～1μm。两种分生孢子均可侵染小麦。分生孢子萌发温度范围为2～37℃,最适温度为20～25℃,菌丝生长最适温度为20～24℃。

发病规律 冬麦区病菌在小麦病残体上越夏,侵染秋苗,以菌丝体在麦苗上越冬;春麦区以分生孢子器和菌丝体在病残体上越冬,翌春条件适宜时,分生孢子器释放出分生孢子,借风雨传播侵染。温度适宜条件下侵染,潜育期为15～21d。该病在低温、高湿条件下易发病。当夜间温度达8℃以上并有雨露存在时,发病较快。连作、施用带菌的未腐熟肥料发病重;土壤瘠薄、施氮过多易发病;冬麦播种过早,病害发生可能加重。

防治要点 (1)选用抗(耐)病品种。(2)加强农业防治。清除病残体,深耕灭茬。消除田间自生麦苗,减少越冬(夏)菌源。冬麦适时晚播。施用充分腐熟的有机肥,增施磷钾肥,采用配方施肥技术。重病田应实行3年以上轮作。(3)药剂防治。①种子处理:用种子质量0.15%的三唑酮或噻菌灵、0.03%的三唑醇(有效成分)拌种,或者用40%多菌灵·福美双合剂按种子质量的0.2%拌种。②喷施药剂防治重病区,在小麦分蘖前期和扬花期用70%甲基硫菌灵(甲基托布津)可湿性粉剂800~1 000倍液、50%多菌灵可湿性粉剂600~800倍液、25%苯菌灵乳油800倍液、75%百菌清可湿性粉剂500~600倍液或70%代森锰锌可湿性粉剂400~600倍液,隔10~15d喷施1次,共喷施2~3次。

小麦壳针孢叶枯病危害症状

小麦颖枯病

病原 无性态为 *Septoria nodorum* Berk., 颖枯壳针孢, 半知菌类真菌。有性态为 *Leptosphaeria nodorum* Müler., 颖枯小球腔菌, 子囊菌门真菌。

分布 我国冬、春麦区均有发生, 以北方春麦区发生较重。

症状 主要危害小麦未成熟的穗部和茎秆, 也可危害叶片和叶鞘。

穗部 顶端或上部小穗先发病, 发病初期在颖壳上产生深褐色斑点, 逐渐变为枯白色并扩展到整个颖壳, 上面长满菌丝和小黑点 (分生孢子器)。

茎秆 病斑褐色, 能侵入导管并将其堵塞, 致使节部畸变、扭曲, 上部茎秆折断而死。

叶片 叶片发病, 初期产生长梭形淡褐色小斑, 逐渐扩大成不规则大斑, 边缘有淡黄色晕圈, 中央灰白色, 病斑上密生小黑点, 剑叶受害扭曲枯死。

叶鞘 发病后叶鞘变黄, 使叶片早枯。

病原特征 分生孢子器暗褐色, 扁球形, 埋生于寄主表皮下, 微露, 大小为 $80 \sim 114 \mu m \times 1.88 \sim 15.4 \mu m$。分生孢子单胞, 长柱形, 微弯,无色,大小为15～32μm×2～4μm,成熟时有1～3个隔膜。

发病规律 冬麦区病菌在病残体或种子上越夏,秋季侵入麦苗,以菌丝体在病株上越冬。春麦区以分生孢子器和菌丝体在病残体上越冬,次年条件适宜时,释放出分生孢子,借风雨传播侵染。病菌侵染温度为10～25℃,最适温度为22～24℃。温度适宜条件下,潜育期为7～14d。高温多雨有利于颖枯病发生和蔓延。连作田块发病重。春麦播种晚,偏施氮肥,生育期延迟,病害发生重。使用带病种子及未腐熟有机肥,发病重。

小麦颖枯病危害症状

防治要点 （1）选用无病种子。（2）农业防治。①清除病残体，麦收后深耕灭茬。消灭自生麦苗，压低越夏、越冬菌源，实行2年以上轮作。②春麦适时早播，施用充分腐熟的有机肥，增施磷钾肥，采用配方施肥技术，增强植株抗病力。（3）药剂防治。用50%多·福混合粉（多菌灵：福美双为1∶1）500倍液浸种48h，或利用50%多菌灵可湿性粉剂、70%甲基硫菌灵（甲基托布津）可湿性粉剂、40%拌种双可湿性粉剂按种子质量的0.2%拌种。

小麦全蚀病

病原 *Gaeumannomyces graminis* (Sacc.) Arx et Oliver var. *tritici* (Sacc.) Walker，*G. graminis* (Sacc.) Arx et Oliver var. *graminis* (Sacc.) Walker，前者为禾顶囊壳小麦变种，后者为禾顶囊壳禾谷变种，均属子囊菌门真菌。

分布 我国云南、四川、江苏、浙江、河北、山东、内蒙古等地均有发生，山东发生较重。

症状 该病是一种典型的根部病害，只侵染小麦根部和茎基部1～2节。小麦苗期和成株期均可发病。苗期发病，植株矮小，下部叶片黄化，种子根和地中茎变成灰黑色，严重时造成麦苗连片枯死。拔节期冬麦病苗返青迟缓、分蘖少，病株根部大部分变成黑色，茎基部及叶鞘内侧出现较明显的黑褐色菌丝层，呈"黑脚"状。抽穗后田间病株成簇或点片状发生早枯，呈"白穗"状，根部变黑，易于拔起。在潮湿情况下，小麦近成熟时在病株基部叶鞘内侧密布黑褐色颗粒状子囊壳。该病与小麦其他根腐型病害的区别在于种子根和次生根变黑腐烂，茎基部生有黑褐色菌丝层。

病原特征 自然条件下仅产生有性态，不产生无性孢子。禾顶囊壳小麦变种的子囊壳群集或散生于衰老病株茎基部叶鞘内侧，烧瓶状，黑色，周围有褐色菌丝环绕，颈部多向一侧略弯，具有缘丝的孔口外露于表皮，大小为385～771μm×297～505μm，子囊壳在子座上常不连生。子囊平行排列于子囊腔内，早期子囊间有拟侧丝，后期消失，棍棒状，无色，大小为61～102μm×8～14μm，内含8个子囊孢子。子囊孢子成束或分散排列，丝状，无色，略弯，具有3～7个假隔膜，多为5个，内含许多油球，大小为53～92μm×3.1～5.4μm。成熟菌丝粗壮，栗褐色，隔膜较稀疏，呈锐角分枝，主枝与侧枝交界处各产生1个隔膜，呈∧形。在PDA培养基上，菌落灰黑色，菌丝束明显，菌落边缘菌丝常向中心反卷，人工培养易产生子囊壳。对小麦、大麦致病力强，对黑麦、燕麦致病力弱。禾顶囊壳禾谷变种的子囊壳散生于茎基部叶鞘内侧表皮下，黑色，具长颈和短颈。子囊、子囊孢子与禾顶囊壳小麦变种区别不大，只是禾顶囊壳禾谷变种子囊孢子一头稍尖，另一头钝圆，大小为67.5～87.5μm×3～5μm，成熟时具有3～8个隔膜。在PDA培养基上，菌落初呈白色，后呈暗黑色，气生菌丝绒毛状，菌落边缘的羽毛状菌丝不向中心反卷，不易产生子囊壳。对小麦致病力较弱，但对大麦、黑麦、燕麦、水稻致病力强。该菌寄主范围较广,能侵染10多种栽培或野生禾本科植物。

发病规律 小麦全蚀病菌主要以菌丝体在土壤中的病残体上或混有病残体的未腐熟粪肥中以及混有病残体的种子中越冬或越夏。引种混有病残体的种子是无病区发病的主要原因。冬麦区种子萌发不久,菌丝体就可侵害种子根部,并在变黑的种子根部内越冬。翌春小麦返青,菌丝体向上扩展至分蘖节和茎基部,拔节期至抽穗期,可侵染至第1~2节,由于茎基受害,致使病株陆续死亡。春小麦区种子萌发后,在病残体上越冬的菌丝侵染幼根,逐渐扩展,侵染分蘖节和茎基部,最后引起植株死亡。病株多在灌浆期出现白穗,遇干热风,病株加速死亡。小麦全蚀病菌发育温度范围为3~35℃,适宜温度为19~24℃,致死温度为52~54℃(温热)10min。土壤性状和栽培措施对小麦全蚀病影响较大。土壤土质疏松、肥力低、碱性土壤发病较重。土壤潮湿有利于病害发生和扩展,水浇地比旱地发病重。与非寄主作物轮作或水旱轮作,发病较轻。根系发达品种抗病较强,增施腐熟有机肥可减轻发病。冬小麦播种过早发病重。

防治要点 (1)禁止从病区引种,防止病害蔓延。对怀疑带病种子用51~54℃温水浸种10min,或用有效成分为0.1%的硫菌灵药液浸种10min。(2) 轮作倒茬。实行稻麦轮作,或与棉花、烟草、蔬菜等经济作物轮作,也可改种大豆、油菜、马铃薯等,可明显降低发病。(3) 种植耐病品种。(4) 施用腐熟的有机肥或堆肥,采用配方施肥技术。(5) 药剂防治。用种子质量0.2%的2%戊唑醇湿拌种剂拌种,防效达90%左右。

小麦全蚀病危害症状

小麦纹枯病

病原 无性态为 *Rhizoctonia cerealis* vander Hoeven，禾谷丝核菌，半知菌类真菌。有性态为 *Ceratobasidium cornigerum* (Bourd.) Rogers.，兰生角担菌，担子菌门真菌。半知菌类真菌立枯丝核菌（*R. solani* Kühn）也可侵染引起小麦纹枯病。

分布 我国长江流域和黄淮平原均有发生。近年来在华北冬麦区发生较重。

症状 小麦纹枯病菌侵染发病后，在不同生育阶段造成烂芽、病苗枯死、花秆烂茎、枯株白穗等症状。

烂芽 芽鞘变褐，随后烂芽枯死，不能出土。

病苗枯死 发生在 3~4 叶期，初期仅第 1 叶鞘上出现中间灰色、四周褐色的病斑，严重时因抽不出新叶而致使病苗枯死。

花秆烂茎 拔节后，在基部叶鞘上形成中间灰色、边缘浅褐色的云纹状病斑，多个病斑融合后，茎基部呈云纹花秆状。田间湿度大时，发病叶鞘内侧及茎秆上可见蛛丝状白色的菌丝体和黄褐色的菌核。

枯株白穗 茎秆发病，形成中间灰褐色、四周褐色的近圆形或椭圆形眼斑，造成茎秆失水坏死，形成枯株白穗症状。此外，有时该病还可形成病健交界不明显的褐色病斑。近年来，由于品种、栽培制度、水肥条件的改变，病害逐年加重，发病区域由南向北不断扩展。发病早的减产20%～40%，严重的形成枯株白穗或颗粒无收。

病原特征 病菌不产生任何类型的分生孢子。初生菌丝无色，较细，有复式隔膜，菌丝分枝呈锐角，分枝处大多缢缩变细，分枝附近常产生横隔膜。菌丝后变成褐色，分枝和隔膜增多，分枝呈直角。菌丝纠结在一起可形成菌核。菌核初期为白色，逐渐变成不同程度的褐色，表面粗糙，形状不规则，大小如油菜籽，菌核之间有菌丝连接。禾谷丝核菌菌丝细胞双核，菌核较小，颜色较浅，菌丝生长速度较慢，菌丝较细（直径2.9～5.5μm）；立枯丝核菌菌丝细胞多核，每个细胞内有3～25个核，多数为4～8个核，菌核颜色较深，菌丝生长较快，菌丝较粗（5～12μm）。

发病规律 病菌以菌丝或菌核在土壤和病残体上越冬越夏。播种后病菌开始侵染危害。田间发病过程可分为冬前发病期、越冬期、横向扩展期、严重度增长期及枯白穗发生期5个阶段。

冬前发病 小麦种子发芽后，纹枯病菌侵染叶鞘，症状发生在土表处或略高于土面处，严重时病株率可达50%左右。

越冬 进入越冬阶段后,病情停止发展,病叶枯死,病株率和病情指数降低,部分冬前病株带菌越冬,成为第2年春天早期发病的重要侵染来源。

横向扩展 春季2月中下旬至4月上旬,气温升高,病菌在田间传播扩展蔓延,病株率增加迅速,此时病情指数多为1或2。

严重度增长 4月上旬至5月上中旬,随着植株基部节间伸长与病原菌的扩展,茎秆受到侵染,病情指数猛增。

枯白穗发生 5月上中旬以后,发病高度和受害茎数都基本趋于稳定,但发病重的因输导组织受害迅速失水枯死,田间出现枯孕穗和枯白穗。发病适宜温度为20℃左右。冬季偏暖、早春回暖快、光照不足的年份发病重,反之则轻。冬小麦播种过早、秋苗期病菌侵染机会多、病害越冬基数高,返青后病势扩展快,发病重。适当晚播则发病轻。氮肥施用过量发病重。

防治要点 应采取农业防治与化学防治相结合的综合防治措施。(1)选用抗病、耐病品种。(2)施用腐熟的有机肥或堆肥,采用配方施肥技术,配合施用氮、磷、钾肥,不要偏施氮肥。(3)适期播种,避免早播,适当降低播种量。(4)及时清除田间杂草。(5)雨后及时排水。(6)药剂防治。①药剂拌种:用种子质量0.2%的33%纹霉净(三唑酮加多菌灵）可湿性粉剂、种子质量0.03%～0.04%的15%三唑醇（羟锈宁）粉剂、种子质量0.03%的15%三唑酮（粉锈宁）可湿性粉剂或种子质量0.0125%的12.5%烯唑醇（速保利）可湿性粉剂拌种。②药剂喷雾防治：春季小麦拔节期，每667m²用5%井冈霉素水剂7.5g对水100kg、15%三唑醇粉剂8g对水60kg、20%三唑酮乳油8～10g对水60kg、12.5%烯唑醇可湿性粉剂12.5g对水100kg或50%利克菌200g对水100kg喷雾，防治效果比单独拌种的提高10%～30%，增产2%～10%。

（马奇祥 摄）

（吴永方 摄）

小麦纹枯病危害症状

小麦赤霉病

病原 无性态为 *Fusarium graminearum* Schw.，禾谷镰孢，半知菌类真菌。有性态为 *Gibberella zeae* (Schw.) Petch.，玉蜀黍赤霉，子囊菌门真菌。此外，燕麦镰孢 [*F. avenaceum* (Fr.) Sacc.]、黄色镰孢 [*F. culmorum* (Smith) Sacc.]、串珠镰孢 [*F. moniliforme* Sheld.]、锐顶镰孢 [*F. acuminatum* (Ell. et Ev.) Wr.] 等半知菌类镰孢属真菌也可引起小麦赤霉病。

分布 我国长江中下游、华南冬麦区和东北春麦区东部发生尤为严重，黄河流域及其他地区也偶有发生。

症状 小麦各个生育期均可发病，主要引起苗枯、穗腐、茎基腐、秆腐，危害最严重的是穗腐。

苗枯 主要是由种子带菌或土壤中病残体侵染引起的。幼芽先变褐色，后根冠腐烂，发病轻的病苗黄瘦，发病重的病苗死亡，湿度大时，枯死苗上产生粉红色霉层（分生孢子）。

穗腐 小麦扬花期发病，初期在小穗和颖片上产生水渍状浅褐色病斑，逐渐扩大至整个小穗。湿度大时，病斑处产生粉红色胶状霉层（分生孢子）。后期产生蓝黑色小颗粒（子囊壳)。用手触摸,有突起感觉。发病籽粒干瘪,表面生有白色至粉红色霉层。小穗发病后扩展至穗轴,致其变褐坏死,发病部位以上小穗形成枯白穗。

茎基腐 从小麦幼苗出土至成熟均可发生,麦株基部组织受害后变褐腐烂,致使全株枯死。

秆腐 多发生在穗下第1、2节。初期在叶鞘上产生水渍状褪绿斑,逐渐扩展为淡褐色至红褐色不规则斑或向茎内扩展。病情严重时造成发病部位以上枯黄,不能抽穗或抽出枯黄穗。湿度大时,发病部位产生粉红色霉层。

病原特征 优势种为禾谷镰孢,其大型分生孢子镰刀形,具有3~7个隔膜,顶端钝圆,基部足细胞明显,单个孢子无色,聚集在一起呈粉红色黏稠状。小型分生孢子很少产生。子囊壳散生或聚生于寄主组织表面,梨形,略包于子座中,有孔口,顶部呈疣状突起,紫红或紫蓝至紫黑色。子囊棍棒状,无色,大小为100~250μm×15~150μm,内含8个子囊孢子。子囊孢子纺锤形,无色,两端钝圆,多有3个隔膜,大小为16~33μm×3~6μm。

发病规律 在我国中、南部稻麦两作区,病菌可在小麦、水稻、玉米、棉花等多种作物病残体中营腐生生活越冬,亦可以菌丝体在病种子内越夏越冬。子囊孢子成熟时正值小麦扬花期，子囊孢子借气流、风雨传播，溅落在花器凋萎的花药上萌发，在其上营腐生生活，然后侵染小穗，几天后发病部位产生粉红色霉层（分生孢子）。在开花至盛花期侵染率最高。穗腐产生的分生孢子对本田再侵染作用不大，但对邻近晚麦侵染作用较大。

在我国北部、东北部春麦区，病菌在小麦、稗草、玉米等作物病残体内、带病种子上以菌丝体或子囊壳越冬。在北方冬麦区则以菌丝体在小麦、玉米穗轴上越夏越冬，次年条件适宜时产生子囊壳，放射出子囊孢子，通过风雨传播进行侵染。春季气温7℃以上，土壤含水量大于50%时形成子囊壳，气温高于12℃时形成子囊孢子。在降雨或湿度大的条件下，子囊孢子成熟并散落在花药上，经花丝侵染小穗发病。田间病残体菌量大，发病重；地势低洼、排水不良、土壤黏重，偏施氮肥，田间植株群体密度大，发病重。

防治要点 （1）选用抗（耐）病品种。（2）农业防治。合理排灌，雨水多时注意开沟排水。麦收后要深耕灭茬，减少菌源。适时播种，避开扬花期遇雨。采用配方施肥技术，合时施肥，忌偏施氮肥，提高植株抗病力。（3）播种前进行石灰水浸种。用优质生石灰0.5kg，溶在50kg水中，滤去渣子后，将选好的麦种30kg放于石灰水中，要求水面高出种子

10~15cm，种子厚度不超过66cm，气温20℃条件下浸3~5d、气温25℃条件下浸2~3d或气温30℃条件下浸1d即可，浸种以后不再用清水冲洗，摊开晾干后即可播种。(4) 喷施杀菌剂，预防穗腐发生。在始花期喷施50%多菌灵可湿性粉剂800倍液、60%多菌灵盐酸盐可湿性粉剂1 000倍液、50%甲基硫菌灵可湿性粉剂1 000倍液、50%多霉灵可湿性粉剂800~1 000倍液或60%甲霉灵可湿性粉剂1 000倍液，隔5~7d防治1次即可。此外，小麦生长中后期在赤霉病、麦蚜、黏虫混发区，每667m²用40%毒死蜱乳油30mL、10%抗蚜威微乳剂10g加40%禾枯灵粉剂100g、60%防霉宝粉剂70g加磷酸二氢钾150g或尿素、丰产素等，防治效果甚好。

（曹方园　摄）　　　　　（季敏　摄）
小麦赤霉病危害症状

小麦白秆病

病原 *Selenophoma tritici* Liu et al.,小麦壳月孢,半知菌类真菌。

分布 在我国四川北部、青海、甘肃及西藏高寒麦区发生。

病症 小麦各个生育期均可发病,主要危害叶片、叶鞘和茎秆。常见系统性条斑和局部斑点两种症状。

条斑型 叶片发病后,从叶片基部产生与叶脉平行的水渍状条斑,逐渐向叶尖扩展,初为暗褐色,后变为草黄色,边缘颜色较深,黄褐色至褐色。每个叶片上常生2~3个宽为3~4mm的条斑。条斑愈合在一起,致使叶片干枯。叶鞘发病后,病斑与叶斑相似,常产生一规则的条斑,条斑从茎节扩展至叶片基部,发病轻时出现1~2个条斑,宽约2.5mm,灰褐色至黄褐色,发病严重时叶鞘枯黄。茎秆上的条斑多发生在穗颈节,少数发生在穗颈节以下1~2节,症状与叶鞘上的症状相似。

斑点型 叶片上产生圆形至椭圆形草黄色病斑,四周褐色,后期叶鞘上产生中间灰白色、四周褐色的长方形角斑。茎秆上也可产生褐色条斑。

病原特征 病菌分生孢子器埋生在寄主表皮下的气孔腔内，球形至扁球形，浅褐色或褐色，孔口突出，大小为49～81μm×49～65μm。分生孢子梗短，产孢细胞内壁芽殖式产孢，瓶形，外壁平滑无色。分生孢子单胞，无色，镰刀形或新月形，弯曲，顶端渐尖细，基部钝圆，大小为12～26μm×1.5～3.2μm。分生孢子萌发时，芽管从两侧伸出。

发病规律 病菌以菌丝体或分生孢子器在种子和病残体上越冬或越夏。种子带菌是主要的初侵染来源。土壤带菌也可传播病害。田间出现病害后，发病部位产生分生孢子器，释放出大量分生孢子，经气流传播后，侵入寄主组织，引起再侵染。一般地，再侵染发生迟而少，在整个病害循环中不重要。病菌生长温度范围为0～20℃，最适温度为15℃，25℃下生长受抑。该病流行程度与当地种子带菌率、小麦品种抗病程度以及田间小气候有关。

防治要点 （1）做好植物检疫工作，防止该病进入无病区。（2）选育抗病小麦品种，建立无病留种田。（3）种子处理。用25%三唑酮可湿性粉剂、40%拌种双粉剂或25%多菌灵可湿性粉剂拌种，拌后闷种20d或用28～32℃冷水预浸4h后，置入52～53℃温水中浸7～10min或用54℃温水浸5min。浸种时要不断搅拌种子，浸种后迅速移入冷水中降温，晾干后播种。(4) 麦收后清除病残体,实行轮作,压低菌源量。(5) 喷施药剂防治。田间出现病株后,喷施50%甲基硫菌灵可湿性粉剂800倍液或50%苯菌灵可湿性粉剂1 500倍液。

小麦白秆病危害症状

小麦灰霉病

病原 *Botrytis cinerea* Pers. ex Fr.，灰葡萄孢，属半知菌类真菌。

分布 主要发生于我国四川成都、重庆及浙江等长江两岸地区。

症状 从苗期到成熟期均可发病。

叶片 发病初期在基部叶片上产生不规则水渍状病斑，拔节后叶尖先变黄色，从下部叶片开始发病，随后逐渐向上扩展蔓延。水渍状病斑褪绿变黄后形成褐色小斑，严重时变为黑褐色，枯死，病斑上产生灰色霉状物（分生孢子梗和分生孢子）。

穗部 春季长期低温多雨条件下穗部发病，颖壳变为褐色，生长后期发病部位长出灰色霉状物。

病原特征 分生孢子梗丛生，有分隔，初为灰色，后变为褐色，上部浅褐色，顶端树枝状分枝，大小为 $220 \sim 480 \mu m \times 10 \sim 20 \mu m$。分生孢子单胞，球形或卵形，无色至灰色，大小为 $10 \sim 17.5 \mu m \times 7.5 \sim 12 \mu m$，呈葡萄穗状聚生于分生孢子梗分枝的末端。此外，还可产生无色球形的小分生孢子，长 $3 \mu m$。有时在受害部位会产生黑色菌核。

发病规律 病菌主要以分生孢子、菌丝体和菌核随病残体在土中越冬。该菌寄主范围广泛,其他寄主上的越冬病菌也能成为该病的初侵染来源。越冬后,病菌产生的分生孢子随气流传播引起寄主植株发病。遇有潮湿环境或连续阴雨,病情扩展迅速,植株上下部叶片不同部位均可同时发病,形成发病中心。穗期多雨,穗部易感病。感病品种叶鞘和茎秆上均可见到一层灰色霉状物。生产上积温低、日照少,如3月份气温低、多雨,发病重。品种间抗病差异明显。

防治要点 (1)选用抗病品种。(2)加强田间栽培管理,提高植株抗病能力。

小麦灰霉病危害症状

小麦炭疽病

病原　无性态为 *Colletotrichum graminicola* (Ces.) Wilson，禾生炭疽菌，半知菌类真菌。有性态为 *Glomerella graminicola* Polltis，禾生小丛壳，子囊菌门真菌。

分布　该病主要发生在河北、山西、浙江、湖北、四川、甘肃等地。

症状　主要危害叶鞘和叶片。基部叶鞘先发病，初期产生 1～2cm 长的椭圆形病斑，边缘暗褐色，中间灰褐色，后沿叶脉纵向扩展形成长条形褐色病斑，致使发病部位以上叶片发黄枯死。叶片发病后，形成近圆形至椭圆形病斑，后期多个病斑连成一片，致使叶片早枯。茎秆发病后，产生梭形褐色病斑。发病部位均可产生黑色小粒点（分生孢子盘）。

病原特征　分生孢子盘长形，黑褐色，初期埋生在叶鞘表皮下，后期突破表皮外露，具有深褐色刚毛，刚毛有隔膜，直或微弯。分生孢子梗短小，无色至褐色，具有分隔，不分枝。分生孢子单胞，无色，新月形至纺锤形。

发病规律　病菌以分生孢子盘和菌丝体在寄主病残体上越冬或越夏，也可附着在种子上越冬。播种带菌的种子或寄主组织接触到带菌的土壤,即可发病,10d后发病部位就产生分生孢子盘。田间气温25℃左右、湿度大、有水膜的条件下有利于病菌侵染和分生孢子形成。杂草多、肥料不足、土壤碱性、连作地块有利于发病。小麦品种间抗病性差异明显。

防治要点 (1)选用抗病小麦品种。(2)与非禾本科作物进行3年以上轮作。(3)麦收后及时清除病残体或深翻。(4)发病重的地区或地块,喷施50%苯菌灵可湿性粉剂1 500倍液或25%苯菌灵乳油800倍液。

小麦炭疽病危害症状

小麦蜜穗病

病原 *Clavibacter tritici* Davis，小麦棒杆菌，棒形杆菌属细菌。异名为 *Rathayibacter tritici*（Hutchinson）Zgurskaya et al.。

分布 该病曾经发生在河北、山东、安徽、江苏、浙江、贵州等小麦粒线虫病严重发生的地区，小麦粒线虫病在大多数地区被防治住之后，此病已不常见。

症状 该病是伴随小麦粒线虫病而产生的细菌性病害。主要在小麦抽穗后发生。发病后，心叶卷曲，叶和叶鞘间产生黄色胶质物和细菌溢脓，新生叶片抽出时受阻，常黏有细菌分泌物。麦穗瘦小或不能抽出，颖片间常黏有黄色胶质物，干燥后溢脓在穗部或上部叶片上变成白色膜状物，使穗、叶坚挺。湿度大时，溢脓增多或流淌下落。小麦成熟后，黄色胶质物凝结为胶状小粒。

病原特征 病菌短杆状，一般单个或首尾相连成对排列。革兰氏染色反应阳性，好气性，不形成内生孢子。胞壁中含有二氨基丁酸；G + C 含量为 $51\% \sim 59\%$。

发病规律 病菌主要借助小麦粒线虫侵入小麦。侵入后，若细菌扩展快，则全穗为蜜穗病；若线虫发展快，则病穗成为虫瘿粒或部分为虫瘿，部分为蜜穗。病菌可在虫瘿内存活两年半左右。

防治要点 重点防治小麦粒线虫病，小麦粒线虫病防治住之后，就不会再发生小麦蜜穗病。

（孙广宇 摄）
小麦蜜穗病危害症状

小麦黑颖病

病原 *Xanthomonas translucens* pv. *translucens* (Jones) Vauterin et al.，透明黄单胞菌透明变种，黄单胞菌属细菌。异名为 *X. campestris* pv. *translucens* (Jones et al.) Dye。

分布 主要在我国北方麦区发生。

症状 主要危害小麦叶片、叶鞘和穗部。叶片发病初期产生水渍状小点，逐渐沿叶脉向上、下扩展为黄褐色条状斑。茎秆发病后，产生黑褐色长条状斑。穗部发病后，穗上发病部位产生褐色至黑色的条斑，多个病斑融合在一起后颖片变黑发亮，颖片发病后引起种子受害。发病种子皱缩或不饱满。发病轻的种子颜色变深。湿度大时，所有发病部位均产生黄色菌脓。

病原特征 病菌杆状，大小为 $1\sim 22\mu m \times 0.5\sim 0.7\mu m$，极生单鞭毛，革兰氏染色反应阴性，有荚膜，无芽孢，好气性，呼吸代谢，永不发酵。在洋菜培养基上能产生非水溶性的黄色色素。在肉汁胨琼脂培养基上菌落生长不快，呈蜡黄色，圆形，表面光滑，有光泽，边缘整齐，稍隆起。生长适宜温度为 $24\sim 26℃$，当温度高于 $38℃$ 时不能生长，致死温度为 $50℃$。

发病规律 种子带菌是小麦黑颖病的主要初侵染来源。病残体和其他寄主也可带菌。病菌从种子进入导管，后到达穗部，产生病斑。病部溢出的菌脓内含大量病原细菌，借风雨或昆虫介体传播，亦可接触传播，从气孔或伤口侵入，进行多次再侵染。高温、高湿有利于该病扩展。若小麦孕穗期至灌浆期降雨频繁，温度高，则病害发生重。

防治要点 (1)建立无病留种基地，选用抗病品种。(2)种子处理。采用变温浸种

小麦黑颖病穗部危害症状

小麦黑颖病颖片症状及溢出菌脓

法，在28～32℃水中浸4h，再在53℃水中浸7min。也可用15%叶青双胶悬剂3 000mg/kg浸种12h。(3)喷施药剂防治。发病初期喷施25%叶青双可湿性粉剂，每667m²用100～150g对水50～60L喷雾2～3次，或喷施新植霉素4 000倍液。

小麦细菌性条斑病

病原 *Xanthomonas translucens* pv. *undulosa* (Smith,) Vauterin et al., 透明黄单胞菌波形变种, 黄单胞菌属细菌。异名为 *X. campestris* pv. *undulosa* (Smith, Jones et Raddy) Dye。

分布 主要发生在山东、北京、新疆、西藏等地。

症状 主要危害叶片,严重时也可危害叶鞘、茎秆、颖片和籽粒。发病部位初期产生针尖大小的深绿色小斑点,逐渐扩展为半透明水渍状条斑,后变深褐色,常出现小颗粒状菌脓。

病原特征 病菌短杆状,两端钝圆,大多数单生或双生,个别链状,极生单鞭毛,大小为 $1\sim2.5\mu m \times 0.5\sim0.8\mu m$,有荚膜,无芽孢,革兰氏染色反应阴性,好气性。

发病规律 病菌在种子上或随病残体在土壤中越冬。第2年春天从自然孔口或伤口侵入寄主,经过 $3\sim4d$ 的潜育期即发病,在田间借风雨传播蔓延,进行多次再侵染。一般土壤肥沃,播种量大,施肥多且集中,尤其是施氮肥较多的田块发病重。

防治要点 (1)选用抗病品种。(2)加强农业栽培管理。适时播种,冬麦不宜播种过早。春麦选用生长期适中或偏长的品种。采用配方施肥技术。(3) 种子处理。利用45℃水恒温浸种3h,晾干后播种;也可用1%生石灰水在30℃下浸种24h,晾干后再用种子质量0.2%的40%拌种双粉剂拌种。

小麦细菌性条斑病危害症状

小麦黑节病

病原 *Pseudomona syringae* pv. *striafaciens* (Elliott) Young et al.，丁香假单胞菌条纹变种，假单胞菌属细菌。异名为 *P. striafaciens* (Elliott) Starr et Burkholder。

分布 主要发生在江苏、湖北、云南、甘肃等地。

症状 主要危害叶片、叶鞘、茎秆节与节间。叶片发病初期产生水渍状条斑，病斑逐渐变为黄褐色，最后呈浓褐色。病斑长椭圆形，有的中间颜色较浅。叶鞘发病后，沿叶脉形成黑褐色长形条斑，大多与叶片上病斑相连，叶鞘逐渐全部变为浅褐色。茎秆发病主要危害节部，发病部位呈浓褐色，逐渐扩展至节间，发病早的茎秆逐渐腐烂坏死，叶片变黄，致使全株枯死。

病原特征 细菌杆状，两端圆，大小为 $1.0 \sim 2.5\mu m \times 0.4 \sim 1.0\mu m$，具 1～2 根单极生鞭毛，革兰氏染色反应阴性，在 PDA 培养基上菌落白色，圆形，中间隆起，全缘。发育适宜温度为 22～24℃，50℃条件下经 10min 致死。

发病规律 主要靠种子带菌传播。病菌在干燥条件下可长期存活，干燥种子上的病菌可活到秋季。

防治要点 建立无病留种基地,使用无病种子。做好种子处理,具体方法可参见小麦散黑穗病。及时处理病重田块的秸秆,清除病残体。

小麦黑节病危害症状

小麦糜疯病

又称拐节病。

病原 Wheat streak mosaic virus，简称WSMV，小麦条点花叶病毒，属弹状病毒组。

分布 我国西北麦区。

症状 引起严重花叶或产生黄色斑点、长短线纹或褪绿斑驳，植株矮化，分蘖高低不齐，引起不同程度坏死。有的分蘖死亡或茎叶扭曲，茎节上下拐折，造成植株散乱，故称糜疯或拐节病。

病原特征 病毒粒体长条杆状，大小625～725nm×15～18nm，钝化温度54℃，稀释限点10^2～10^4倍。病毒核酸为单链RNA。可侵染小麦、大麦、糜子、燕麦、黑麦、谷

小麦糜疯病危害症状

子、玉米等作物。

发病规律 病毒由曲叶螨传播,若虫期获毒后,可终身传毒,但不经卵传毒。距糜子田近的易发病,糜子收获前小麦出土早的发病重。

防治要点 (1)糜疯病发生区,麦田宜远离糜子田。(2)适期播种,不宜过早。

小麦雪腐病

又称灰色雪腐病。

病原 *Typhula incarnata* Lasch ex Fr. 淡红或肉孢核瑚菌,属担子菌亚门真菌。

分布 主要发生在冬季积雪时间长、积雪厚的地区,多发生在冬小麦分布的边缘地区,冬、春小麦交界区,或冬、春小麦混种区的冬小麦上。

症状 主要危害小麦幼苗的根及叶鞘和叶片,一般易发生在雪覆盖或刚刚融化的麦田。病株上初生浅绿色水渍状病斑,布满灰白色松软霉层,后产生大量黑褐色的菌核。病部组织烂腐,病叶极易破碎。新疆发生较重。

病原特征 菌核球形至扁球形,初红褐色,后变为黑褐色,大小 $0.5 \sim 3.0mm \times 0.5 \sim 2.5mm$。每个菌核能产生1个子实体,个别产生4个。子实体柄细长,有毛,基部膨大。担子棍棒状,顶生担子梗4个,上生担孢子。担孢子顶端圆,基部尖,稍弯,无色,大小 $6 \sim 14 \mu m \times 3 \sim 6 \mu m$。此外 *T. ishikariensis*、*T. idahoensis*、*T. graminum* 也可引起雪腐病。主要危害麦类及禾本科植物。

发病规律 病菌以菌核随病残体在土壤中

生活。秋季土壤湿度适宜时,菌核萌发产生担孢子,借气流传播,从根或根颈及叶或叶鞘处侵入,菌核也可直接萌发产生菌丝进行扩展。病菌生长温度5~15℃,1~5℃时致病力最强。冬季积雪时间长,土壤不结冻,土温0℃左右易发病,连作地发病重。

防治要点 (1)冬小麦与春小麦轮作或与豆类、玉米、胡麻、瓜类等作物倒茬。(2)增施有机肥和磷、钾肥,以增强植株抗病力;适期播种。冬灌时间不宜过迟,以防积雪后致土壤湿度过大。积雪融化后要及时做好开沟排水和春耙工作;收获后深翻。(3)药剂拌种。用40%多菌灵超微可湿性粉剂按种子质量的0.3%拌种,防效可达90%以上。

小麦雪腐病危害症状

小麦卷曲病

又称扭叶病、双冠子叶斑病。

病原 *Dilophospora alopecuri* (Fr.) Fr.，异名 *D. graminis*，看麦娘双极毛孢，属半知菌亚门真菌。

分布 甘肃、贵州、四川等地。

症状 苗期、成株均可发病。苗期染病，开始在第3、4片叶上产生浅绿色圆形至长圆形病斑，逐渐扩展为不规则形病斑，心叶卷曲干枯，严重的幼苗扭曲畸形后枯死。拔节期、抽穗期染病，叶片、叶鞘上产生淡黄色病斑，上生小黑点或漆黑色斑痣，旗叶紧抱的不能抽穗，呈"一炷香"形，初期缠绕灰白色菌丝，后期部分小穗或全部呈黑色革质状。

病原特征 病菌在病叶及穗上的小黑点，即病菌分生孢子器，大小为120～300μm，黑色。分生孢子圆柱形至椭圆形，单胞无色，具隔膜0～3个，大小为8.5～16μm×1.6～2.5μm，两端各具3～6根直或有分叉的刚毛，呈冠羽状。分生孢子萌发适温20～25℃。

发病规律 病菌以菌丝体在病残体上或以分生孢子附着在种子上越冬或越夏，通过风雨传播。危害麦穗的，主要通过小麦粒线虫传播，病菌常附着在虫瘿里的线虫体外，经由线虫携带进入小麦体内。小麦卷曲病和线虫病常混合发生。

防治要点 （1）选用无病种子。（2）与非小麦作物进行轮作。（3）认真防治小麦线虫病。

小麦卷曲病危害症状

小麦霜霉病

又称黄化萎缩病。

病原 *Sclerophthora macrospora* (Sacc.) Thrium., Shaw et Narasimhan var. *triticina* Wang & Zhang, J.Yunnan Agr., 孢指疫霉小麦变种, 属鞭毛菌亚门真菌。

分布 我国山东、河南、四川、安徽、浙江、陕西、甘肃、西藏等地时有发生。

症状 通常在田间低洼处或水渠旁零星发生, 一般发病率为10%～20%, 严重的高达50%。该病在不同生育期出现症状不同。苗期, 病苗矮缩, 叶片淡绿或有轻微条纹状花叶。返青拔节期, 叶色变浅, 出现黄白条形花纹, 叶片变厚, 皱缩扭曲, 病株矮化, 不能正常抽穗或穗从旗叶叶鞘旁拱出, 弯曲成畸形龙头穗。

病原特征 孢囊梗从寄主表皮气孔中伸出, 常成对, 个别3根, 粗短, 不分枝或少数分枝, 顶生3～4根小枝, 上单生孢子囊。孢子柠檬形或卵形, 顶端有1个乳头状突起, 无色, 顶部壁厚, 大小66.6～99.9μm×33.3～59.9μm, 成熟后易脱落, 基部留一铲状附属物。起初菌丝体蔓生, 形成浅黄色的卵孢子, 后清晰可见。成熟卵孢子球形至椭圆形或多角形,大小43.5～89.1μm×43.3～88μm,卵孢子壁与藏卵器结合紧密。一般症状出现后3～6d,即可检测到卵孢子。叶片上叶肉及茎秆薄壁组织中居多,根及种子内未见,穗部颖片中最多。

发病规律 病菌以卵孢子在土壤内的病残体上越冬或越夏。卵孢子在水中经5年仍具发芽能力。一般休眠5～6个月后发芽,产生游动孢子,在有水或湿度大时,萌芽后从幼芽侵入。卵孢子发芽适温19～20℃,孢子囊萌发适温16～23℃,游动孢子发芽侵入适宜水温为18～23℃。小麦播后芽前麦田被水淹超过24h,翌年3月又遇有春寒,气温偏低利于该病发生,地势低洼、稻麦轮作田易发病。

防治要点 (1)实行轮作,发病重的地区或田块,应与非禾谷类作物进行1年以上轮作。(2)健全排灌系统,严禁大水漫灌,雨后及时排水防止湿气滞留,发现病株及时拔除。(3)药剂拌种。播前每50kg小麦种子用25%甲霜灵可湿性粉剂100～150g(有效成分为25～37.5g)加水3kg拌种,晾干后播种。

小麦霜霉病危害症状

小麦粒线虫病

又称小麦粒瘿线虫病。

病原　*Anguina tritici* (Steinbuch) Chitwood，小麦粒线虫，属植物寄生线虫。

分布　全国冬、春麦区都有发生，尤以长江下游和华北麦区为重。

症状　染病小麦麦穗上形成虫瘿。受害麦苗叶片短阔、皱边、微黄、直立，严重者萎缩枯死。能长成的病株在抽穗前叶片皱缩，叶鞘疏松，茎秆扭曲。孕穗期以后，病株矮小，茎秆肥大，节间缩短，受害重的不能抽穗，有的虽抽穗但不结实而变为虫瘿。有时一花裂为多个小虫瘿。有时是半病半健，病穗较健穗短、色泽深绿，虫瘿比健粒短而圆，使颖壳向外开张，露出瘿粒。虫瘿顶部有钩状物，侧边有沟，初为油绿色，后变黄褐至暗褐色，老熟虫瘿有较硬外壳，内含白色棉絮状线虫，瘿粒外形与腥黑穗病粒相同，但腥黑穗病粒外膜易碎，内为黑粉孢子。

病原特征　雌、雄成虫线形，较不活跃，内含物较浓厚，具不规则膜肠状体躯，卵母细胞及精母细胞呈轴状排列。雌虫肥大，卷曲成发条状，首尾较尖，大小3～5mm×0.1～0.5mm；雄虫较小，不卷曲，大小1.9～2.5mm×0.07～0.1mm。卵产于绿色虫瘿内，散生，长椭圆形，大小73～140μm×33～63μm，一龄幼虫盘曲在卵壳内，二龄幼虫针状，头部钝圆，尾部细尖，前期在绿色虫瘿内活动，后期则在褐色虫瘿内休眠。

发病规律 粒线虫以虫瘿混杂在麦种中传播。虫瘿随麦种播入土中，休眠后二龄幼虫复苏出瘿。麦种刚发芽，幼虫即沿芽鞘缝侵入生长点附近，营外寄生，危害刺激茎叶原始体，造成茎叶以后的卷曲畸形，到幼穗分化时，侵入花器，营内寄生，抽穗开花期危害刺激子房畸变，成为雏瘿。灌浆期绿色虫瘿内幼虫迅速发育，再蜕3次皮；经3～4龄成为成虫，每个虫瘿内有成虫7～25条。雌、雄交配后即产卵，孵化出幼虫在绿虫瘿内危害，后虫瘿变为褐色近圆形，二龄幼虫休眠于内。一个虫瘿内有幼虫8 000～25 000条。气候干燥时，幼虫能存活1～2年。该线虫是小麦蜜穗病病原细菌（*Corynebacterium tritici*）侵入小麦的媒介。该线虫除侵染小麦外，还可侵染黑麦、大麦和燕麦。发病轻重与种植材料中混杂的虫瘿量和播后的土壤温度有关。土温12～16℃，适于线虫活动危害。沙土干旱条件发病重，黏土发病轻。

防治要点 （1）加强检验，防止带有虫瘿的种子远距离传播。(2) 建立无病留种制度，设立无病种子田,种植可靠的无病种子。(3)清除麦种中的虫瘿,用清水选,麦种倒入清水中迅速搅动,虫瘿上浮后捞出,可汰除95%虫瘿。整个操作争取在10min内完成,防止虫瘿吸水下沉。用20%盐水汰除虫瘿较清水彻底,但事后要用清水洗种子。也可用26%硫酸铵液汰洗。(4)实行3年以上轮作,防止虫瘿混入粪肥,施用充分腐熟的有机肥。(5)药剂处理种子。用50%甲基异柳磷,按种子量0.2%拌闷种子。每100kg种子用药200g对水20kg,混匀后,堆50cm厚,闷种4h,即可播种。(6)药剂防治。用15%涕灭威颗粒剂每667m^{2}37.5~100g或10%克线磷颗粒剂200g、3%单甲脒颗粒剂150g。

小麦粒瘿线虫病危害症状

小麦禾谷胞囊线虫病

病原 *Heterodera avenae* Wollenweber,燕麦胞囊线虫,属胞囊线虫属。

分布 湖北、河北、山西、北京等地均有发生。

症状 危害小麦、大麦、燕麦、黑麦等27属34种植物。受害小麦幼苗矮黄,根系短而分叉,后期根系被寄生呈瘤状,露出白亮至暗褐色粉粒状胞囊,此为该病的主要特征。胞囊老熟易脱落,胞囊仅在成虫期出现,生产上一般见不到。小麦受线虫危害后,病根常受土壤真菌如立枯丝核菌等危害,致使根系腐烂,或与线虫共同危害,加重受害程度,致地上部矮小,发黄。

病原特征 雌虫胞囊柠檬形,深褐色,阴门锥为两侧双膜孔型,无下桥,下方有许多排列不规则的泡状突,体长0.55~0.75mm,宽0.3~0.6mm,口针长26μm,头部环纹,有6个圆形唇片。雄虫四龄后为线型,两端稍钝,长164μm,口针基部圆形,长26~29μm;幼虫细小、针状,头钝尾尖,口针长24μm,唇盘变长与亚背唇和亚腹唇融合为一个两端圆阔的柱状结构,卵肾形。

发病规律 该线虫在我国年均只发生1代。气温高于9℃有利于线虫孵化和侵入寄主。以二龄幼虫侵入幼嫩根尖，头部插入后在维管束附近定居取食，刺激周围细胞成为巨型细胞。二龄幼虫取食后发育，变为豆荚形，蜕皮形成长颈瓶形，三龄、四龄幼虫为葫芦形，然后成为柠檬形成虫。被侵染处根皮鼓起，露出雌成虫，内含大量卵而成为白色胞囊。雄成虫由定居型变为活动型，活动出根与雌虫交配后死亡。雌虫体内充满卵及胚胎卵，变为褐色胞囊，然后死亡。卵在土中可保持1年或数年的活性。胞囊失去生命后脱落入土中越冬，可借水流、风、农机具等传播。春麦被侵入两个月可出现胞囊。秋麦于秋季被侵入，以各发育虫态在根内越冬，翌年春季气温回升时危害，于4~5月显露胞囊。也可孵化再次侵入寄主，造成苗期严重感染。一般春麦较秋麦重，春麦早播较晚播重。冬麦晚播发病轻。连作麦田发病重；缺肥、干旱地较重；沙壤土较黏土重。苗期侵染对产量影响较大。

防治要点 （1）加强检疫，防止此病扩散蔓延。（2）选用抗（耐）病品种。（3）轮作。与麦类及其他禾谷类作物隔年或3年轮作。（4）春麦区适当晚播，要平衡施肥，提高植株抵抗力。施用土壤添加剂，控制根际微生态环境，使其不利于线虫生长和寄生。（5）药剂防治。每667m² 施用3%单甲脒颗粒剂200g,也可用24%单甲脒水剂600倍液在小麦返青时喷雾。其他方法参见小麦粒线虫病。

小麦禾谷胞囊线虫病危害症状

小麦秆枯病

病原 *Gibellina cerealis* Pass.，禾谷绒座壳，属子囊菌亚门真菌。

分布 华北、西北、华中、华东均有发生，部分地区发病较重。

症状 主要危害茎秆和叶鞘，苗期至成熟期都可侵染。幼苗发病，初在第1片叶与芽鞘之间有针尖大小的小黑点，后扩展到叶鞘和叶片上，呈梭形褐边白斑并有虫粪状物。拔节期，在叶鞘上形成褐色云斑，边缘明显，病斑上有灰黑色虫粪状物，叶鞘内有一层白色菌丝。有的茎秆内也充满菌丝。叶片下垂卷曲。抽穗后，叶鞘内菌丝变为灰黑色，叶鞘表面有明显突出的小黑点（子囊壳），茎基部干枯或折倒，形成枯白穗，籽粒秕瘦。

病原特征 子座初埋生在寄主表皮下，成熟后外露。子囊壳椭圆形，埋生在子座内，大小 $300 \sim 430\,\mu m \times 140 \sim 270\,\mu m$。子囊棒状，有短柄，大小 $118 \sim 139\,\mu m \times 13.9 \sim 16.7\,\mu m$，内有子囊孢子8个。子囊孢子梭形，双胞，黄褐色，两端钝圆，大小 $27.9 \sim 34.9\,\mu m \times 6 \sim 10\,\mu m$。

发病规律 土壤带菌为主，未腐熟粪肥也可传播，病原菌在土壤中可存活3年以上。小麦在出苗后即可被侵染,植株间一般互不侵染。田间湿度大,地温10~15℃适宜秆枯病发生。小麦3叶期前容易染病,叶龄越大,抗病力越强。病害流行程度主要决定于土壤的带菌量。

防治要点 (1)选用抗(耐)病品种。(2)农业防治。麦收时集中清除田间所有病残体;重病田实行3年以上轮作;混有麦秸的粪肥要充分腐熟或加入酵素菌进行沤制;适期早播,使土温达到侵染适温时小麦已超过3叶期,增强小麦抗病力。(3)药剂防治。用50%拌种双或福美双400g拌麦种100kg,或40%多菌灵可湿性粉剂100g加水3kg拌麦种50kg,或50%甲基硫菌灵可湿性粉剂按种子质量的0.2%拌种。

小麦秆枯病危害症状

小麦眼斑病

又称茎裂病、基腐病。

病原 *Pseudocercosporella haerpotrichioides* (Fron) Deighton,铺毛拟小尾孢,属半知菌亚门真菌。

症状 主要危害距地面15～20cm植株基部的叶鞘和茎秆,病部产生典型的眼状病斑,病斑初浅黄色,具褐色边缘,后中间变为黑色,长约4cm,上生黑色虫屎状物。严重时病斑常穿透叶鞘,扩展到茎秆上,形成白穗或茎秆折断。

病原特征 营养菌丝黄褐色,线状,具分枝;还有一种菌丝暗色,壁厚,似子座。分生孢子梗不分枝,无色,全壁芽生产孢,合轴式延伸。分生孢子圆柱状,端部略尖,稍弯,具4～6个隔膜,无色,大小35～70μm×1.5～3.5μm。能寄生小麦、大麦、黑麦、燕麦。

发病规律 病菌以菌丝在病残体中越冬或越夏,成为主要初侵染源。分生孢子靠雨水飞溅传播,传播半径1～2m,孢子萌发后从胚芽鞘或植株近地面叶鞘直接穿透表皮或从气孔侵入,气温6～15℃,湿度饱和利于其侵入。冬小麦发病重于春小麦。

防治要点 （1）加强检疫。（2）与非禾本科作物进行轮作。（3）收获后及时清除病残体和耕播土地，促进病残体迅速分解。（4）适当密植，避免早播，雨后及时排水，防止湿气滞留。（5）选用耐病品种。（6）必要时在发病初期开始喷洒36%甲基硫菌灵悬浮剂500倍液或50%苯菌灵可湿性粉剂1 500倍液。

小麦眼斑病危害症状

小麦散黑穗病

病原 *Ustilago nuda* (Jens.) Rostr.，异名 *U. tritici* (Pers.) Rostr.，裸黑粉菌，属担子菌亚门真菌。

分布 各冬、春麦区均有发生。

症状 主要危害穗部，病穗比健穗较早抽出。最初病小穗外面包一层灰色薄膜，成熟后破裂，散出黑粉（病菌的厚垣孢子），黑粉吹散后，只残留裸露的穗轴。病穗上的小穗全部被毁或部分被毁，仅上部残留少数健穗。一般主茎和分蘖都出现病穗，但抗病品种有的分蘖不发病。小麦同时受腥黑穗病菌和散黑穗病菌侵染时，病穗上部为腥黑穗，下部为散黑穗。偶尔也侵害叶片和茎秆，长出条状黑色孢子堆。

病原特征 厚垣孢子球形，褐色，一边色稍浅，表面布满细刺，直径 $5 \sim 9 \mu m$，萌发温度 $5 \sim 35 ℃$，以 $20 \sim 25 ℃$ 最适。萌发时生先菌丝，不产生担孢子。该菌有寄主专化现象，小麦上的病菌不能侵染大麦，但大麦上的病菌能侵染小麦。厚垣孢子萌发，只产生具4个细胞的担子，不产生担孢子。

发病规律 花器侵染病害，1年只侵染1次。带菌种子是唯一的传播途径。病菌以菌丝潜伏在种子胚内，外表不显症。当带菌种子萌发时，潜伏的菌丝也开始萌发，随小麦生长发育经生长点向上发展，侵入穗原基。孕穗时，菌丝体迅速发展，使麦穗变为黑粉。厚垣孢子随风落在扬花期的健穗上，落在湿润的柱头上萌发产生先菌丝，先菌丝产生4个细胞，分别生出丝状结合管，异性结合后形成双核侵染丝侵入子房，在珠被未硬化前进入胚珠，潜伏其中。种子成熟时，菌丝胞膜略加厚，在其中休眠，当年不表现症状，次年发病，并侵入第2年的种子潜伏，完成侵染循环。刚产生厚垣孢子24h后即能萌发，温度范围5～35℃，最适20～25℃。厚垣孢子在田间仅能存活几周，没有越冬（或越夏）的可能性。小麦扬花期空气湿度大、阴雨天利于孢子萌发侵入，形成病种子多，翌年发病重。

防治要点　（1）温汤浸种。①变温浸种，先将麦种用冷水预浸4～6h，捞出后用52～55℃温水浸1～2min，使种子温度升到50℃，再捞出放入56℃温水中，使水温降至55℃浸5min，随即迅速捞出经冷水冷却后晾干播种。②恒温浸种，把麦种置于50～55℃热水中，立刻搅拌，使水温迅速稳定至45℃，浸3h后捞出，移入冷水中冷却，晾干后播种。（2）石灰水浸种。用优质生石灰0.5kg，溶在50kg水中，滤去渣滓后浸选好的麦种30kg，要求水面高出种子10～15cm，种子厚度不超过66cm，浸泡时间气温20℃时3～5d，气温25℃时2～3d，30℃时1d即可，浸种以后不再用清水冲洗，摊开晾干后即可播种。(3) 药剂拌种。用种子质量63%的75%萎锈灵可湿性粉剂拌种，或用种子质量0.08%～0.1%的20%三唑酮乳油拌种。也可用40%拌种双可湿性粉剂0.1kg，拌麦种50kg或用50%多菌灵可湿性粉剂0.1kg，对水5kg，拌麦种50kg，拌后堆闷6h，可兼治腥黑穗病。

小麦散黑穗病危害症状

小麦腥黑穗病

又称腥乌麦、黑麦、黑疸。

病原 *Tilletia caries* (DC.) Tul., *Tilletia foetida* (Wallr.) Liro, 前者为小麦网腥黑粉菌, 引致小麦网腥黑穗病; 后者为小麦光腥黑粉菌, 引致小麦光腥黑穗病, 均属担子菌亚门真菌。

分布 全国各地均有发生, 以华北、华东、西南部分冬麦区发病较重。

症状 一般病株较矮, 分蘖较多, 病穗稍短且直, 颜色较深, 初为灰绿, 后为灰黄。颖壳麦芒外张, 露出部分病粒(菌瘿)。病粒较健粒短粗, 初为暗绿, 后变灰黑, 外包一层灰包膜, 内部充满黑色粉末(病菌厚垣孢子), 破裂散出含有三甲胺鱼腥味的气体, 故称腥黑穗病。

病原特征 小麦网腥黑粉菌, 孢子堆生在子房内, 外包果皮, 与种子同大, 内部充满黑紫色粉状孢子, 具腥味。孢子球形至近球形, 浅灰褐色至深红褐色, 大小 14~20μm, 具网状花纹, 网眼宽 2~4μm。小麦光腥黑粉菌, 孢子堆同上, 孢子球形或椭圆形, 有的长圆形至多角形, 浅灰色至暗褐色, 大小 15~25μm, 表面平滑, 也具腥味。

发病规律　病菌以厚垣孢子附在种子外表或混入粪肥、土壤中越冬或越夏。当种子发芽时，厚垣孢子也随即萌发，厚垣孢子先产生先菌丝，后萌发为较细的双核侵染线，从芽鞘侵入麦苗并到达生长点，后以菌丝体形态随小麦而发育，到孕穗期侵入子房，破坏花器，抽穗时在麦粒内形成菌瘿即病原菌的厚垣孢子。小麦腥黑穗病菌的厚垣孢子能在水中萌发，有机肥浸出液对其萌发有刺激作用。萌发适温16～20℃。病菌侵入麦苗温度5～20℃，最适9～12℃。湿润土壤（土壤持水量40%以下）有利于孢子萌发和侵染。一般播种较深，不利于麦苗出土，增加病菌侵染机会，病害加重发生。

防治要点　（1）种子处理。常年发病较重地区用2%戊唑醇拌种剂10～15g，加少量水调成糊状液体与10kg麦种混匀，晾干后播种。也可用种子质量0.15%～0.2%的20%三唑酮或0.1%～0.15%的15%三唑醇等药剂拌种、闷种。（2）提倡施用酵素菌沤制的堆肥或施用腐熟的有机肥。对带菌粪肥加入油粕（豆饼、花生饼、芝麻饼等）或青草保持湿润，堆积1个月后再施到地里，或与种子隔离施用。（3）农业防治。春麦不宜播种过早，冬麦不宜播种过迟。播种不宜过深。播种时施用硫铵等速效化肥做种肥，可促进幼苗早出土，减少病菌侵染机会。冬麦提倡在秋季播种时,基施长效碳铵1次,可满足整个生长季节需要,减少发病。

(季敏 摄)

(马占鸿 摄)

小麦腥黑穗病危害症状

小麦秆黑粉病

病原 *Urocystis tritici* Körn，异名 *Urocystis agropyri* (Preuss) Schröt.，小麦条黑粉菌，属担子菌亚门真菌。

分布 主要发生在北部冬麦区。

症状 主要危害小麦茎、叶和穗等。当株高0.33m左右时，在茎、叶、叶鞘等部位出现与叶脉平行的条纹状孢子堆。孢子堆略隆起，初白色，后变灰白色至黑色，病组织老熟后，孢子堆破裂，散出黑色粉末，即孢子。病株多矮化、畸形或卷曲，多数病株不能抽穗而卷曲在叶鞘内，或抽出畸形穗。病株分蘖多，有时无效分蘖可达百余个。

病原特征 病菌冬孢子圆形或椭圆形，褐色，大小为 $12\sim16\mu m\times9\sim12\mu m$，由 $1\sim4$ 个冬孢子形成圆形至椭圆形的冬孢子团，褐色，大小为 $35\sim40\mu m\times18\sim35\mu m$，四周有很多不孕细胞，无色或褐色。冬孢子萌发后形成先菌丝，顶端轮生 $3\sim4$ 个担孢子。担孢子柱形至长棒形，稍弯曲。该菌具有不同专化型和生理小种。

发病规律 病菌以冬孢子团散落在土壤中或以冬孢子黏附在种子表面及肥料中越冬或越

夏，成为该病初侵染源。冬孢子萌发后从芽鞘侵入至生长点，是幼苗系统性侵染病害，没有再侵染。该病发生与小麦发芽期土温有关，土温9～26℃均可侵染，以20℃左右最为适宜。此外发病与否、发病轻重均与土壤含水量有关。一般干燥地块较潮湿地块发病重。西北地区10月播种的发病率高。品种间抗病性差异明显。

防治要点 （1）选用抗病品种，使用无病种子。(2) 土壤传病为主的地区，可与非寄主作物进行1～2年轮作。(3) 精细整地，提倡施用堆肥或净肥，适期播种，避免过深，以利出苗。(4) 药剂拌种。土壤传病为主的地区提倡用种子质量0.2%的40%拌种双或0.3%的50%福美双拌种；其他地区最好选用种子质量0.03%有效成分的20%三唑酮或0.015%～0.02%有效成分的15%三唑醇等内吸杀菌剂拌种，具体方法参见小麦腥黑穗病。

（李振岐　摄）

小麦秆黑粉病危害症状

小麦丛矮病

病原 *Wheat rosette virus*，北方禾谷花叶病毒，属弹状病毒组。

分布 各麦区分布普遍。

症状 染病小麦上部叶片有黄绿相间条纹，分蘖增多，植株矮缩，呈丛矮状。冬小麦播后20d即可显症，心叶初有黄白色相间断续的虚线条，后发展为不均匀的黄绿条纹，分蘖明显增多。冬前染病株大部分不能越冬而死亡，发病较轻的病株返青后分蘖继续增多，生长细弱，叶部仍有黄绿相间条纹，病株矮化，一般不能拔节和抽穗。冬前未显症和早春感病的植株在返青期和拔节期陆续显症，心叶有条纹，与冬前显症病株比，叶色较浓绿，茎秆稍粗壮，拔节后染病植株只有上部叶片显条纹，能抽穗的籽粒秕瘦。

病原特征 病毒粒体杆状，病毒质粒主要分布在细胞质内，单个或多个，成层或簇状包在内质网膜内。在传毒介体灰飞虱唾液腺中病毒质粒只有核衣壳而无外膜。病毒汁液体外保毒期为2～3d，稀释限点为10～100倍。丛矮病潜育期因温度不同而异，一般6～20d。

发病规律 小麦丛矮病毒不经汁液、种子和土壤传播，主要由灰飞虱［*Laodelphax striatellus* (Fallén)］传毒。灰飞虱吸食后，需要经一段循回期才能传毒。日均温26.7℃，平均10～15d，20℃时平均15.5d。一至二龄若虫易获毒，成虫传毒能力最强。最短获毒期12h，最短传毒时间20min。获毒率及传毒率随吸食时间延长而提高。一旦获毒可终生带毒，但不经卵传毒。病毒随带毒若虫在其体内越冬。秋季，冬麦区灰飞虱从带毒的越夏寄主上大量迁飞至麦田危害，造成早播秋苗发病。越冬带毒若虫在杂草根际或土缝中越冬，是翌年毒源，次年迁回麦苗危害。小麦成熟后，灰飞虱迁飞至自生麦苗、水稻等禾本科植物上越夏。小麦、大麦等是病毒主要越冬寄主。套作麦田有利于灰飞虱迁飞繁殖，发病重；冬麦早播病重；邻近草坡、杂草丛生麦田病重；夏秋多雨、冬暖春寒年份发病重。

防治要点 （1）清除杂草、消灭毒源。（2）采取平地种植，合理安排套作，避免与禾本科植物套作。（3）精耕细作、消灭灰飞虱生存环境，压低毒源、虫源。适期连片播种，避免早播。麦田冬灌保苗，减少灰飞虱越冬。小麦返青期早施肥水提高成穗率。（4）药剂防治。用种子质量0.3%的60%甲拌磷乳油拌种堆闷12h，防效显著。出苗后喷药保护，包括田边杂草也要喷洒，压低虫源，可选用

50%马拉硫磷乳油1 000～1 500倍液,也可用25%扑虱灵(噻嗪酮、优乐得)可湿性粉剂750～1 000倍液。小麦返青盛期也要及时防治灰飞虱,压低虫源。

(李辉 摄)
小麦丛矮病危害症状

小麦黄矮病毒病

病原 *Barley yellow dwarf virus*，简称BYDV，大麦黄矮病毒属病毒。

分布 主要分布在西北、华北、东北、华中、西南及华东冬麦区、春麦区及冬春麦混种区。

症状 主要表现为叶片黄化，植株矮化。叶片典型症状是新叶发病从叶尖渐向叶基扩展变黄，黄化部分占全叶的1/3～1/2，叶基仍为绿色，且保持较长时间，有时出现与叶脉平行但不受叶脉限制的黄绿相间条纹。病叶较光滑。发病早的植株矮化严重，但因品种而异。冬麦发病不显症，越冬期间不耐低温易冻死，能存活的翌春分蘖减少，病株严重矮化，不抽穗或抽穗很小。拔节孕穗期发病的植株稍矮，根系发育不良。抽穗期发病仅旗叶发黄，植株矮化不明显，能抽穗，粒重降低。

病原特征 病毒粒子为等轴对称正二十面体。病毒粒子直径24nm，病毒核酸为单链核糖核酸。病毒在汁液中致死温度65～70℃。能侵染小麦、大麦、燕麦、黑麦、玉米、雀麦、虎尾草、小画眉草、金色狗尾草等。

发病规律 病毒只能经由麦二叉蚜（*Schiz-*

aphis graminum)、禾谷缢管蚜（*Rhopalosiphum padi*）、麦长管蚜（*Sitobion avenae*）、麦无网长管蚜（*Metopolophium dirhodum*）及玉米缢管蚜（*R. maidis*）等进行持久性传毒，种子、土壤、汁液不传毒。温度低，潜育期长，16～20℃时病毒潜育期为15～20d，25℃以上隐症，30℃以上不显症。麦二叉蚜在病叶上吸食30min即可获毒，在健苗上吸食5～10min即可传毒。获毒后3～8d带毒蚜虫传毒率最高，约可传20d左右，以后逐渐减弱，但不终生传毒。冬前感病小麦是翌年的发病中心。发病中心随带毒麦蚜扩散而蔓延，返青拔节期、抽穗期出现2次发病高峰。收获后，有翅蚜迁飞至糜子、谷子、高粱及禾本科杂草等植物越夏，秋麦出苗后迁回麦田传毒并以有翅成蚜、无翅若蚜在麦苗基部越冬，有些地区也产卵越冬。冬、春麦混种区5月上旬冬麦上有翅蚜向春麦迁飞。晚熟麦、糜子和自生麦苗是麦蚜及病毒越夏场所，冬麦出苗后飞回传毒。春麦区的虫源、毒源有可能来自部分冬麦区，成为春麦区初侵染源。

冬麦播种早，发病重；阳坡重、阴坡轻；旱地重、水浇地轻；粗放管理重，精耕细作轻，瘠薄地重。发病程度与麦蚜虫口密度有直接关系。冬麦区早春麦蚜扩散是传播小麦黄矮病毒的主要时期。小麦拔节孕穗期遇低温，抗性降低易发生黄矮病。该病流行与毒源基数多少有重要关系,如自生苗等病毒寄主量大,麦蚜虫口密度大易造成黄矮病大流行。

防治要点 (1)选育抗、耐病品种。(2)治蚜防病。及时防治蚜虫是预防黄矮病流行的有效措施。拌种可用种子质量0.5%的灭蚜松或0.3%乐果乳剂拌种。喷药可用40%乐果乳油1 000~1 500倍液或50%灭蚜松乳油1 000~1 500倍液、2.5%功夫菊酯或敌杀死、氯氰菊酯乳油2 000~4 000倍液。也可喷1.5%乐果粉每667m² 1.5kg,抗蚜威每667m² 4~6g。毒土法可用40%乐果乳剂50g对水1kg,拌细土15kg撒在麦苗基叶上,可减少越冬虫源。(3)加强栽培管理,及时消灭田间及附近杂草。冬麦区适期迟播,春麦区适当早播,确定合理的种植密度,加强肥水管理,提高植株抗病力。

小麦黄矮病毒病危害症状

小麦红矮病毒病

病原　*Wheat red dwarf virus*，简称WRDV，小麦红矮病毒属病毒。

分布　主要分布在我国西北麦区。

症状　病株矮化严重，分蘖少，严重时病株在拔节前即死亡。发病轻的能拔节，多不抽穗，有的虽抽穗，但籽粒不实。病株叶片变红，有的品种变黄，一般红秆品种出现红叶，青秆品种多现黄叶，有的波及到叶鞘。

病原特征　病毒粒体线状，大小100～1 900nm×15 nm。

发病规律　病毒由稻叶蝉（*Deltocephalus orgzae*）、条沙叶蝉（*Psammotellix striatus*）、四点叶蝉（*Macrosteles masatonis*）进行持久性传毒，可经叶蝉卵传毒。此外，麦双尾蚜（*Diruaphis noxia*）危害后，加重病情。干燥温暖地区及早播麦田发病重。发病与麦田虫情相关，一般虫口低于5头，发病轻，虫口在5～10头之间，可中度发生，如超过10头可能大发生。

防治要点　（1）选用抗病品种。（2）栽培防病。防止早播是防治该病关键技术之一。精耕细作，及时清除田间杂草。麦收后马上灭茬深翻，麦苗越冬期搞好镇压耙糖，使麦苗安全越冬。(3) 治虫防病。播种前用75%甲拌磷乳油100g,对水3～4L,喷在50kg麦种上拌匀,再闷种12 h后晾干播种,防治出苗期遭受叶蝉危害。苗期虫口密度大,应马上喷洒40%乐果乳油、25%亚胺硫磷乳油1 000倍液。必要时可选用10%一遍净(吡虫啉)可湿性粉剂2 000～2 500倍液,控制时间长。

小麦红矮病毒病危害症状

小麦蓝矮病

病原 *Mycoplasma like organism*，简称MLO，称类菌原体。

分布 四川、陕西、甘肃。

症状 小麦冬前一般不表现症状。春季麦田返青后拔节期，病株明显矮缩、畸形、节间越往上越矮缩，呈套叠状，造成叶片呈轮生状，基部叶片增生、变厚、呈暗绿色至蓝绿色，叶片挺直光滑，心叶多卷曲变黄后坏死。成株期，上部叶片形成黄色不规则的宽条带状，多不能正常拔节或抽穗，即使能抽穗，则穗呈塔状退化，穗短小，向上尖削。染病重的生长停滞，显症后1个月即枯死，根毛明显减少。

病原特征 在叶片韧皮部和叶蝉唾液腺及肠道细胞的超薄切片中MLO呈球形、椭圆形、哑铃状、蝌蚪状等，大小50～1 000nm，单位膜厚度为8～10nm。通过叶蝉传毒试验，定名为小麦类菌质体蓝矮病（*Wheat mycoplasma like blue dwarf*）。除侵染小麦外，寄主还包括大麦、燕麦、黑麦、黍、高粱、玉米等禾本科植物。

发病规律 该病只能通过条沙叶蝉（*Psammotettix striatus*）进行持久性传毒，种子、汁液摩擦均不能传毒。最适饲毒期为24d，最短接毒期为10s。延长接毒期能提高传毒能力。毒原在虫体内循回期最短2d，最长8d，平均为5.2d。病害潜育期与温度有关，秋季平均为45d，春季19d。叶蝉持毒期秋季19d，春季为12d。叶蝉一次获毒，便可终身带毒，但卵不能传毒。秋季冬小麦出苗后，条沙叶蝉从秋作物及杂草上迁飞至麦田传毒。深秋初冬叶蝉以卵在小麦或杂草上越冬，翌春孵化后再行获毒，然后开始传毒。在小麦收获前，飞到玉米、高粱及多种禾本科杂草上传毒。我国陕西、甘肃一带条沙叶蝉1年发生3～4代，其发生数量与小麦蓝矮病发生程度关系密切，条沙叶蝉喜干燥气候条件，山地干旱麦田及阳坡背风麦田虫口密度大，发病重。

防治要点 （1）选育抗蓝矮病的抗病新品种。（2）其他防治方法参见小麦红矮病毒病。

小麦蓝矮病毒病危害症状（左为病株右为健株）

小麦梭条斑花叶病毒病

又称小麦黄花叶病。

病原 Wheat spindle streak mosaic virus,简称WSSMV,小麦梭条斑花叶病毒,又名小麦黄花叶病毒(Wheat yellow mosaic virus, WYMV),属马铃薯Y病毒组。

分布 主要分布于四川、陕西、江苏、浙江、湖北和河南等地。

症状 该病在冬小麦上发生严重。小麦染病后冬前不表现症状,春季小麦返青期才出现症状,染病株在小麦4～6叶后的新叶上产生褪绿条纹,少数心叶扭曲畸形,后褪绿条纹增加并扩散。病斑联合成长短不等、宽窄不一的不规则条斑,形似梭状,老病叶渐变黄、枯死。病株分蘖少、萎缩、根系发育不良,重病株明显矮化。

病原特征 病毒粒体线状,大小200～3 000nm×13nm。病株根、叶组织含有典型的风轮状内含体。钝化温度50℃经10min,稀释限点为10^2～10^6倍。致病力因地区有所差异,品种间抗病性差异明显。

发病规律 梭条花叶病毒主要靠病土、病根残体、病田水流传播,也可经汁液摩擦接种传播。不能经种子、昆虫传播。传播媒介是一种习居于土壤的禾谷多黏菌（*Polymyxa graminis* Led.）。冬麦播种后，禾谷多黏菌产生游动孢子，侵染麦苗根部，在根细胞内发育成原质团，病毒随之侵入根部进行增殖，并向上扩展。小麦越冬期病毒呈休眠状态，翌春表现症状。小麦收获后随禾谷多黏菌休眠孢子越夏。病毒能随其休眠孢子在土中存活10年以上。土温15℃左右，土壤湿度较大，有利于禾谷多黏菌游动孢子活动和侵染。高于20℃或干旱，侵染很少发生。播种早发病重，播种迟发病轻。

防治要点 （1）选用抗、耐病品种。（2）轮作倒茬，与非寄主作物油菜、大麦等进行多年轮作可减轻发病。冬麦适时迟播，避开传毒介体的最适侵染时期。增施基肥，提高苗期抗病能力。（3）加强管理，避免通过带病残体、病土等途径传播。

（王德江 摄） （季敏 摄）

小麦梭条斑花叶病毒病危害症状

小麦土传花叶病毒病

病原 *Wheat soil-borne mosaic virus*,简称 WSBMV,小麦土传花叶病毒属病毒。

分布 山东、河南、江苏、浙江、安徽、四川、陕西等地均有分布。

症状 主要危害冬小麦,多发生在生长前期。冬前侵染麦苗,表现斑驳不明显。翌春,新生小麦叶片症状逐渐明显,现长短和宽窄不一的深绿和浅绿相间的条状斑块或条状斑纹,表现为黄色花叶,有的条纹延伸到叶鞘或颖壳上。病株穗小粒少,但多不矮化。该病症状与小麦梭条斑花叶病相近。山东沿海、河南南部及淮河流域发生较重。

病原特征 病毒粒体为直棒状二分体,长粒体300nm,短粒体92~160nm,病毒粒体直径约22nm。该病毒形态明显别于弯曲的线条状的小麦梭条斑花叶病毒。致死温度为 60~65℃,稀释限点为10^2~10^3倍。在低温干燥的组织中可存活10个月左右。

发病规律 病毒主要由习居在土壤中的禾谷多黏菌(*Polymyxa graminis* Led.)传播,可在其休眠孢子中越冬。该病毒不能经种子及昆虫媒介传播,在田间主要靠病土、病根茬及病田的流水传播蔓延。其侵染循环同小麦条斑花叶病。侵染温度12.2～15.6℃，侵入后气温20～25℃病毒增殖迅速，经14d潜育即显症。

防治要点 （1）选用抗病或耐病的品种。（2）轮作，与豆科、薯类、花生等进行2年以上轮作。（3）加强肥水管理，施用农家肥要充分腐熟，提倡施用酵素菌沤制的堆肥。（4）严禁大水漫灌，禁止用带菌水灌麦，雨后及时排水。（5）零星发病区采用土壤菌法或用40～60℃高温处理15cm深土壤数分钟。

（李辉　摄）

小麦土传花叶病毒病危害症状

小麦干热风害

分布　主要小麦种植区均可发生。

症状　小麦生育后期经常遇到的生理性病害。麦株的芒、穗、叶片和茎秆等部位均可受害。从顶端到基部失水后青枯变白或叶片卷缩萎凋，颖壳变为白色或灰白色，籽粒干瘪，千粒重下降，影响小麦的产量和质量。

病因　在小麦灌浆至成熟阶段，遇有高温、干旱和强风是发生干热风害的主要原因。在此阶段，遇 2～5d 的气温高于 32℃，相对湿度低于 30%，风速每秒大于 2～3m 的天气时，小麦蒸发量大，体内水分失衡，籽粒灌浆受抑或不能灌浆，造成小麦提早枯熟。

防治要点　（1）提倡施用酵素菌沤制的堆肥，增施有机肥和磷肥，适当控制氮肥用量，改良土壤结构，蓄水保墒。（2）加深耕作层，熟化土壤，使根系深扎，增强抗干热风能力。（3）在干热风害经常出现的麦区，选择抗逆性强的早熟品种。（4）抗旱剂拌种。每 $667m^2$ 用抗旱剂 1 号 50g 加入 1～1.5kg 水中拌 12.5kg 麦种。也可用万家宝 30g，加水 3 000g 拌 20g 麦种，拌匀后晾干播种。（5）适时早播，培育壮苗，促小麦早抽穗。适时浇好灌浆水、麦黄水，补充蒸腾掉的水分,使小麦早成熟。(6)喷施液肥、植物生长调节剂等。

小麦干热风害危害症状

小麦冻害

症状 冻害较轻的麦田,麦株主茎及大分蘖的幼穗受冻后,仍能正常抽穗和结实,但穗粒数明显减少;冻害较重的麦田,主茎、大分蘖幼穗及心叶冻死,其余部分仍能生长;冻害严重的麦田,小麦叶片、叶尖呈水烫状硬脆,后青枯或青枯成蓝绿色,茎秆、幼穗皱缩死亡。

病因 一是不利的气象条件。冬小麦在没有经过抗寒锻炼的情况下较正常年份提早10多天进入越冬阶段,从生理上看未经过糖分的积累和细胞脱水过程,致小麦发生严重冻伤。二是生产上栽培的品种抗寒性差,是发生冻害的内因。三是栽培管理不当。播种过深或过浅对小麦出苗及出苗后的抗寒力影响很大。四是未浇冻水。浇冻水是防冻保苗安全越冬的重要措施。

发病规律 小麦春季冻害分早春冻害和晚霜冻害两种类型。晚霜冻害是晚霜引致突然降温,对小麦形成低温伤害。暖冬年份,播种偏早、播量偏大的春性品种受害重。北方的小麦冻害,其危害程度与降温幅度、持续时间、降温陡度有关。降温幅度和陡度大,低温持续时间长,受害重。对地势高、风坡面小麦危害重。进入拔节后,抗寒性明显下降。突然降温后麦株体温下降到0℃以下时,细胞间隙的水首先结冰。如温度继续降低,细胞内也开始结冰,造成细胞脱水凝固而死。

防治要点 (1)选用抗寒小麦品种。(2)提高播种质量,播种深度掌握在3～5cm之间。(3)适时浇好小麦冻水。日均温3～10℃时开始浇;当沙土地土壤相对湿度低于60%,壤土地低于70%,黏土地低于80%时,要进行浇水;浇水量不宜过大,使土壤持水量达到80%。(4)早春补水。当早春干土层厚度大于3cm时,要及时补水,改善土壤墒情,解除干土层威胁,减轻冻害降低死苗率。培育冬前壮苗,冬春镇压。在返青期667m²用200mg/kg浓度的多效唑喷施;在拔节至孕穗期,晚霜来临前浇水或叶面喷水。在霜冻即将出现的夜晚熏烟,防止发生霜冻。(5)冬、春小麦提倡采用地膜覆盖栽培新技术。(6)提倡施用迦姆丰收植物增产调节剂和多功能高效液肥等。

(李辉 摄)
小麦冻害危害症状

小麦湿害

症状 从苗期至扬花灌浆期都可受害,苗期受害造成种苗霉烂,成苗率低,分蘖延迟,根系不发达,苗小叶黄;拔节抽穗期受害,上部的3片功能叶分别较健株短20%、30%、36%,有效穗减少40%;扬花灌浆期受害,功能叶早衰,穗粒数少,千粒重降低,出现高温高湿早熟,严重的青枯死亡。生产上中后期发生的湿害较前期重,其中拔节孕穗期发生湿害损失最重。

病因 一是土壤含水量长期处于饱和状态。二是地下水位高,特别是距河流、湖泊较近的麦田或低洼水浇麦田,地下水位都高,对麦苗的根系下扎造成危害。三是排水不良,积水久之成灾,出现严重青枯死苗。

防治要点 (1)及时清理深沟大渠。(2)增施肥料。对湿害较重的麦田,做到早施巧施接力肥,重施拔节孕穗肥,以肥促苗升级。冬季增施热性有机肥,如渣草肥、猪粪、牛粪、草木灰、人粪尿等。化肥多施磷钾肥,利于根系发育、壮秆,减少受害。(3)搂锄松土散湿提温。增强土壤通透性,促进根系发育,增加分蘖,培育壮苗。(4)护叶防病。锈病、赤霉病、白粉病发生后及时喷药防治,此外可喷施液肥等。

小麦湿害危害症状

小麦越冬死苗

症状 冬小麦越冬出现死苗。死苗率低于10%影响不大,而高于20%就会造成减产。有的死苗率达30%~50%,减产严重。

病因 一是不利的气候条件。主要指低温和干旱,对死苗都有明显的影响。干旱常常是许多地区小麦越冬死苗的主导因素。二是品种抗寒能力的差异。凡是经过抗寒锻炼的冬小麦,一般能忍受-23℃的低温。地温低于-23℃,则死苗严重。三是土质情况。土壤偏沙性、保水能力差死苗严重。四是栽培措施。在干旱年份,栽培措施不当,会加重越冬死苗。干旱年份播种过浅、播种过早、麦苗长势过旺的麦田死苗都重。

防治要点 (1)选用抗旱品种。(2)培育冬前壮苗,抓好越冬管理。及时浇好封冻水,

小麦越冬死苗田间症状

搞好盖土盖肥,尽快进行冬季碾麦。(3)叶面肥浸种,必要时于小麦孕穗至灌浆期叶面喷施万家宝500~600倍液,对防止小麦死苗、增加产量有明显效果。

小麦麦角病

病原 *Claviceps purpurea*,称麦角菌,属于子囊菌亚门真菌。

分布 在我国分布广泛,尤其是黑龙江、河北、新疆和内蒙古草原地区发生普遍。

症状 主要危害黑麦,也危害小麦、大麦和燕麦的穗部,造成减产。危害穗部,产生菌核,造成小穗不实而减产。花器受侵染后出现黄色蜜状黏液(分生孢子和含糖液),其后子房逐渐膨大变硬,形成紫黑色长角状菌核,突出穗外,即为麦角(菌核)。麦角长1~3cm或更长,直径0.8cm。麦角紫黑色,麦粒状、刺状或角状,因寄主种类而不同。

病原特征 子座有柄,顶部扁球形,内生多数子囊壳,成熟后释放出大量子囊孢子。

发病规律 病菌主要以菌核落于土壤中或混杂在种子间越冬。菌核在土壤中可存活1年。在干燥条件下,混杂在种子间的菌核寿命可长达15年。菌核在土壤中经一段时间的休眠后,在春季或初夏萌发,产生许多肉眼可见的红褐色子座。随春播麦种进入土壤的菌核,当年春季不萌发,至翌年春季才萌发。病原菌子囊孢子发生期大致与麦株开花期相吻合。子囊孢子随气流或雨水飞溅传播，着落在寄主植物花器上，萌发后产生侵染菌丝，从胚珠基部侵入，然后在子房壁细胞间隙和胚珠细胞内扩展。几天后在子房表面长出菌丝体、子实层和含有大量分生孢子的蜜露状黏液。天气较冷凉，高湿，花期延长，麦角病发生较重。开颖授粉的品种和雄性不育系发病率较高。

防治要点 （1）精选种子，汰除菌核。（2）与玉米、豆类、高粱等非寄主作物轮作1年。（3）病田深耕，将菌核翻埋于下层土壤，距地表至少4cm以上。（4）早期清除田间、地边的禾本科杂草，减少潜在菌源。

小麦麦角病危害症状

小麦穗煤污病

又名煤烟病。

病原 煤污菌有很多种,我国的优势种群为 *Alternaria alternata* 和 *Cladospirum* spp.。

分布 分布于天津、河北、湖北、云南、陕西。

症状 叶面上形成黑色小霉斑,后扩大连片,使整个叶面、嫩梢上布满黑色霉层。由于煤污病菌种类很多,其症状上也略有差异。呈黑色霉层或黑色煤粉层是该病的重要特征。

病原特征 *Alternaria alternate*,链格孢,属半知菌亚门真菌。分生孢子梗单生或数根束生,暗褐色;分生孢子倒棒形,褐色或青褐色,3～6个串生,有纵隔膜1～2个,横隔膜3～4个,横隔处有缢缩现象。

发病规律 煤污病病菌以菌丝体、分生孢子、子囊孢子在病部及病落叶上越冬,翌年孢子由风雨、昆虫等传播。寄生到蚜虫、介壳虫等昆虫的分泌物及排泄物上或植物自身的分泌物上或寄生在寄主上发育。高温多湿、通风不良、蚜虫、介壳虫等分泌蜜露的害虫发生多,会加重发病。

防治要点 (1)植株种植不要过密,以降低湿度,切忌环境湿闷。(2)该病发生与分泌蜜露的昆虫关系密切,喷药防治蚜虫等是减少发病的主要措施。适期喷施40%氧化乐果乳油1 000倍液或80%敌敌畏乳油1 500倍液。

小麦穗煤污病危害症状

小麦茎基腐

又称"酱油秆病"。

病原 小麦根腐离蠕孢（*Bipolaris sorokiniana*），镰孢菌（*Fusarium* spp.），雪霉叶枯病菌（*Microdochium nivale*），黑附球菌（*Epicoccum nigrum*）。

分布 分布于河北、江苏、安徽、山东、贵州、云南、陕西、甘肃。

症状 小麦茎基褐腐病是由多种土传真菌引起的一种小麦病害。一般病菌先侵染小麦茎秆基部，出现褐色病斑，以后病斑逐渐扩大至整个节间，茎秆输导组织不能向上供应植株所需的养分，造成小麦叶片发黄，后期植株折倒、枯死。镰刀菌还能侵染小麦叶片，在叶片上出现褐色病斑，有的病斑轮纹状，与小麦纹枯病、云纹斑症状很相似，后期会导致叶片发黄干枯。

病原特征 镰刀菌菌丝有隔，分枝。分生孢子梗分枝或不分枝。分生孢子有两种形态，小型分生孢子卵圆形至柱形，有1～2个隔膜，大型分生孢子镰刀形或长柱形，有较多的横隔；黑附球菌菌落在自然基质上，分散，黑色，点状，形成分生孢子座。菌丝体大部分表生，少数埋生；菌丝无色至浅黄色，分枝，分隔，表面光滑，宽 2～3μm。分生孢子座垫状，直径可达 2mm。分生孢子梗短小，粗大，直或弯曲，光滑，5～15μm×3～6μm。分生孢子自膨大的产孢梗顶端生出，褐色、黑色，近球形或球形，大小变化大，直径 13～50μm。

发病规律 基腐病病菌一般在小麦基部第 1 节间或第 2 节间上侵染。田间基部第 1 或第 2 节间已经腐烂的植株，过一段时间会枯死；基部节间出现褐色病斑的植株，上部节间仍能继续生长，但后期成穗的希望不大。一旦天气转好，阳光充足，温度升高，田间湿度降低，田间病情也会稳定下来。

防治要点 （1）农业防治。①选用抗病良种。②适期播种。春性强的品种不要过早播种，防止冬前过旺。③合理密植，播种量不要过大。④麦田防止大水漫灌，水位高的河滩地或老灌区地要开沟排水。⑤合理施肥，氮肥不能过量，防止徒长。（2）药剂防治。播种前药剂拌种。用药量为种子质量 0.02% 的 4.8% 适麦丹水悬乳剂或 0.03% 的 15% 三唑酮（粉锈宁）可湿性粉剂或 0.015% 的 12.5% 烯唑醇可湿性粉剂拌种。在分蘖盛期进行调查，掌握病情，重点放在早播田，连作杂草多，施氮量高，感病品种田，在分蘖末期病株率达 5% 时，用药防治。可用药剂如下：①10% 苯醚甲环唑水分散颗粒剂每667m² 40～60g。②10%己唑醇乳油每667m² 40～60g。③每667m²用5%井冈霉素水剂100～150mL。④15%粉锈宁可湿性粉剂每667m² 65～100g。⑤40%多菌灵胶悬剂每667m² 50～100g。⑥70%甲基托布津可湿性粉剂每667m² 50～75g。

小麦茎基腐病根部症状

小麦茎基腐病叶部症状

虫害 CHONGHAI

日本菱蝗

学名 *Tetrix japonica* (Bolivar),属直翅目菱蝗科。

别名 小蚂蚱。

分布 我国分布于陕西、宁夏、青海、北京、河北、山西、内蒙古、吉林、山东、河南、江苏、浙江、湖北、湖南、广东、广西、四川、福建。国外分布于俄罗斯、日本、蒙古。

形态特征 成虫体长雄约7mm,雌约9mm;体小型,粗短,黄褐色或暗褐色。复眼突出。头顶背面观宽于复眼,约为复眼宽的2倍;侧面观在复眼之间向前突出。前胸背板背面平坦,

1.雌虫 2.雄虫

侧面观上缘近直，前缘平直；侧板后缘具2个明显凹陷，上面1个凹陷容纳前翅基部。中隆线清晰可见。前胸背板向后延伸达腹部末端，但不超过后足腿节顶端。典型个体前胸背板中部近前方处有2个明显黑色斑，斑的形状有所不同。雌虫产卵瓣粗短，上产卵瓣长度为宽度的3倍，上、下产卵瓣外缘具细齿。下生殖板后缘中央具三角形突出。蛹外形与成虫相似，前翅芽小，背板延伸不达腹末端。

危害状 以咀嚼式口器咬食植物的叶片和花蕾呈缺刻或孔洞，严重时将大面积的植物叶片和花蕾食光，造成农、林、牧业的重大经济损失。

生活习性 成虫、若虫均善跳跃，在田间惊扰极易发现。

发生规律 1年发生1代，秋季多雨湿度大，有利于发生。

防治要点 一般不需防治，个别情况下虫量较大，危害较重时可喷施菊酯类杀虫剂1 500～2 000倍液等进行防治。

隆背菱蝗

学名 *Tetrix tartara* (Bolivar)，属直翅目菱蝗科。

别名 小蚂蚱。

分布 我国分布于陕西、甘肃；国外分布于中亚地区。

形态特征 成虫体长雄为8～10mm，雌为9.5～11.0mm；体小型，粗壮，暗褐色。与日本菱蝗极相似，不同处为前胸背板由侧面观上缘呈弧形，片状。前胸中央呈角状突出，尖锐，长，向前几达复眼中部。前胸背板向后延伸达后足腿节顶端。雌虫产卵器黄褐色，产卵瓣粗短，上产卵瓣上外缘及下产卵瓣下外缘具细齿，下生殖板后缘中央具三角形突出。

危害状 危害小麦及禾本科杂草，以咀嚼式口器咬食植物的叶片和花蕾呈缺刻或孔洞。发生量较少。

成　虫

生活习性 成虫、若虫均善跳跃,在田间惊扰极易发现。

发生规律 1年发生1代。

防治要点 一般不需防治,个别情况下虫量较大,危害较重时可喷施菊酯类杀虫剂1 500～2 000倍液等进行防治。

笨 蝗

学名 *Haplotropis brunneriana* Saussure，属直翅目癞蝗科。

分布 分布于河北、山西、内蒙古、陕西、河南、山东、江苏、安徽。

形态特征 成虫体长雄为28～37mm，雌为34.5～49.0mm；体形粗壮，上具粗颗粒和隆线；体色黄褐、暗褐、赤褐或褐色。头较短，颜面略向后倾斜。颜面隆起明显，在中单眼之上具有纵沟。复眼赤褐色，卵形，上有暗褐斑纹。触角丝状，较短，赤褐色，基部两节褐色。前胸背板中隆线呈片状隆起，侧面观上缘呈弧形，后横沟明显，切断或不切断中隆线。前胸背板前、后缘均呈角状突出。前翅短小，鳞片状，侧置，顶端不超过腹部第一节背板后缘。后翅略短于前翅。腹部第二节侧面具摩擦板。后足腿节粗短，胫节顶端具外端刺和内端刺，沿外缘有刺10～12根（包括外端刺）。卵长8mm左右，直径2mm左右，末端有两道缢痕，呈帽状。蛹共5个龄期，三龄前翅芽未长出，四龄开始长出翅芽，雌雄两性的体长也出现明显差异，雄性小于雌性。

危害状 除危害麦类外，寄主还有玉米、高粱、谷子、豆类、薯类及棉花、蔬菜、林木幼苗等。成虫、若虫取食麦叶,造成缺刻或孔洞。陕西渭北6月上旬出现成虫,7月初雌虫产卵于土内。

生活习性 产卵于土壤中,卵囊长12～15mm,直径6～10mm,粗筒状,每个卵囊含卵8～15粒。

发生规律 1年发生1代,以卵越冬。渭北越冬卵于翌年4月初孵化,初孵蝻在麦田取食麦叶,6月上旬成虫出现,发生至8月。7月初雌虫产卵于土内。

防治要点 一般不需防治,个别情况下虫量较大,危害较重时可喷施菊酯类杀虫剂1 500～2 000倍液等进行防治。

成 虫

东亚飞蝗

学名 *Locusta migratoria manilensis* (Meyen)，属直翅目斑翅蝗科。

别名 蚂蚱。

分布 分布于河北、山西、内蒙古、陕西、宁夏、甘肃、河南、山东、江苏、安徽、浙江、江西、福建、湖南、广东、广西、台湾。

形态特征 成虫体长雄为33.5～41.5mm，雌为39.5～51.2mm；前翅长雄为32.3～46.8mm，雌为39.2～51.8mm。体色通常为绿色或黄褐色，变化较大。头部较大，触角淡黄色，复眼前下方常有暗色条纹。前胸背板中隆线发达，侧面观散居型呈弧形，群居型微凹；前胸背板常具暗色斑点，前胸腹板平坦。前翅发达、透明并有明显暗色花纹；后翅略短于前翅。后足腿节上侧隆线的细齿明显，后足胫节通常橘红色，沿外缘具刺10～11个。腹部第一节背板鼓膜器的鼓膜片较大，几乎覆盖鼓膜孔的一半。卵黄色，长6～7mm，直径约1.5mm。蝻共5个龄期。

危害状 以咀嚼式口器咬食植物的绿色部分，严重时将大面积的植物食光，造成农、林、牧业的重大经济损失。

生活习性 若虫在生长发育过程中,受种群密度和生态条件的影响,引起生活习性、生理机能和形态的一系列变化,形成群居型和散居型。并且两型可以相互转变,其过渡时期常称中间型或转变型,由散居型向群居型转变的中间型称转群型,反之则称为转散型。成虫产卵时多选择植被稀疏,覆盖度在25%~50%,土壤含水量10%~22%,含盐量0.1%~1.2%,且土壤结构较坚硬的向阳地带。每雌一般产4~5个卵囊,每个卵囊平均含卵约65粒,一生产卵300~400粒。

发生规律 年发生代数与时间因各地气温而异。北京以北发生1代,黄淮海地区2代,江淮地区2~3代,江西、广东、广西和台湾3代,海南4代。各地均以卵在土下4~6cm处的卵囊内越冬。在2代区,越冬代称夏蝗,第一代称秋蝗。4月底至5月中旬越冬卵孵化,5月上中旬为盛期。夏蝻期40d左右,6月中旬至7月上旬羽化,成虫寿命55~60d。7月上中旬为产卵盛期。7月中旬至8月上旬孵化为秋蝻。8月中旬至9月上旬羽化为秋蝗。

防治要点 (1)改造蝗区。蝗区形成是自然因素的综合作用,人为改变蝗区主要因素间的关系或清除其中的因素,可使之向有利于人类的方向发展,消灭飞蝗基地。(2)药剂防治。严格掌握防治适期和防治指标,狠治夏蝗，扫清残蝗，减少秋蝗虫源基数。当点片发生时，用毒饵或机动喷雾器等地面喷药防治；当高密度大面积发生时，立即动员群众或飞机喷雾治蝗，防止群迁或迁飞。

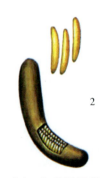

1.成虫　2.卵块及卵

日本黄脊蝗

学名 *Patanga japonica* (I.Bolivar),属直翅目斑腿蝗科。

别名 蚂蚱。

分布 分布于山东、江苏、安徽、浙江、江西、河南、湖北、陕西、甘肃、福建、台湾、广东、广西、四川、贵州、云南、西藏。

形态特征 成虫体形粗大,体长雄为35~45mm,雌为47~57mm;黄褐色至暗褐色,有绒毛。头大而短,头顶宽短,顶端较宽,向前倾斜,颜面略向后倾斜。触角细长,25节,到达或略超过前胸背板的后缘。复眼长卵形,其下有黑色斑纹。体背沿中线自头顶至翅尖有明显的淡黄色纵条。前胸背板侧片有2个明显的黄斑,无侧隆线。前胸腹板突圆柱形,顶端较钝;中胸腹板侧叶内下角尖。前翅达到后足胫节中部,翅前端部分具黑色近圆形斑;后翅基部红色,顶端烟色。后足腿节外侧缘上隆线有黑色纵条;后足胫节刺基部黄色,顶端黑色。卵略呈梭形,稍弯;长约6.2mm。初产肉黄色,后变为黄褐色。蝻共6龄。一龄浅黄绿色,二龄淡绿色,三龄黄绿色,四龄以后黄褐色。

危害状 寄主植物除小麦外,还有水稻、高粱、豆类、甘薯等。以咀嚼式口器咬食小麦等禾谷类作物的叶片,造成缺刻或孔洞。

发生规律 1年发生1代,以成虫在田边杂草及土块缝隙间越冬。春季3～4月危害小麦,小麦黄熟期转至春玉米、谷子等作物上危害,8、9月可见到成虫。

防治要点 发生严重时及时喷洒化学农药。

成　虫

华北蝼蛄

学名 *Gryllotalpa unispina* Saussure，属直翅目蝼蛄科。

别名 大蝼蛄、单刺蝼蛄。

分布 分布于陕西、河北、山东、河南、安徽、江苏。

形态特征 成虫体长雄为39mm，雌为45mm；淡黄褐色或深褐色。头部暗褐色，生有黄褐色细毛。前胸背板中央有1个暗红色斑点，前翅平叠于背上，后翅纵卷成筒状，伏于前翅之下，超过腹末端。足黄褐色，前足特别发达，为开掘式，腿节下缘弯曲；后足胫节背侧内缘有棘1个，间有2棘或无棘者，腹部黄褐色，密生细毛，腹部末端具2条长尾须。卵椭圆形，长1.73～1.83mm，宽1.3～1.4mm；初产黄白色，孵化前变为灰白色。若虫共6龄，初孵若虫乳白色，复眼淡红色，以后头部变为淡黑色，前胸背板黄白色；二龄以后身体变为黄褐色。翅芽随龄期的增加逐渐伸长。五、六龄后体色与成虫相同。

危害状 主要危害期在播种后和幼苗期，咬食新播或已发芽的小麦种子及麦苗根颈部。同时，由于潜行形成隧道，使幼苗发生掉根而枯死。

生活习性 具趋光性和趋化性，喜在沙质土壤及盐碱地生活危害。土壤10～20cm的湿度达20%左右时活动最盛，小于15%时活动减弱。

发生规律 3年左右完成1代。在黄淮海地区，越冬成虫6月上中旬开始产卵，7月初孵化。孵化若虫到秋季达八至九龄，深入土中越冬；第2年春季越冬若虫恢复活动继续危害，秋季以十二至十三龄若虫越冬；直至第3年8月以后若虫陆续羽化为成虫。新羽化成虫当年不交配，危害一段时间后即进入越冬状态，至第4年5月才交配产卵。

防治要点 （1）搞好农田基建，消灭虫源滋生地；合理轮作倒茬；深耕翻犁；合理施肥；适时灌水。（2）用50%辛硫磷乳油、40%甲基异柳磷乳油、48%毒死蜱乳油等，用药量为种子量的0.1%～0.2%，播种时先用种子量5%～10%的水将药剂稀释，用喷雾器均匀喷拌于种子上，堆闷6～12h，使药液充分渗透到种子内即可播种；或结合播前整地，用药剂处理土壤，或者采用毒饵诱杀。（3）利用黑光灯进行诱杀。

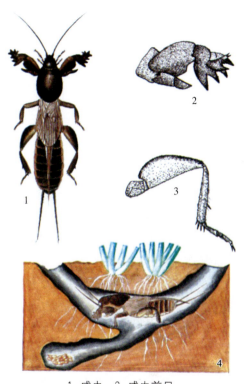

1. 成虫 2. 成虫前足
3. 成虫后足 4. 危害状及卵室

东方蝼蛄

学名 *Gryllotalpa orientalis* Pallisot de Beauvois，属直翅目蝼蛄科。

别名 小蝼蛄。

分布 分布于山西、陕西、甘肃、青海、山东、江苏、安徽、浙江、江西、福建、台湾、河南、湖北、湖南、广东、四川。

形态特征 成虫体长雄约30mm，雌约33mm；体茶褐色至暗褐色，密被细毛。前翅达腹部中央，后翅超过腹末端。与华北蝼蛄相似，不同处为前足腿节下缘平直，后足胫节背侧内缘有棘3～4个。卵长约2～3mm；长椭圆形。初产时乳白色，后渐变黄褐色，孵化前变为暗紫色。若虫初孵乳白色，后渐变深褐色。老熟若虫体长约25mm，三龄开始出现翅芽。

危害状 咬食各种作物的种子和幼苗，特别喜食刚发芽的种子，咬食嫩芽嫩茎，扒成乱麻状或丝状，使幼苗生长不良甚至死亡，造成严重缺苗断垄。蝼蛄在土壤层窜行危害，造成种子架空，幼苗吊根，导致种子不能发芽，幼苗失水而死。苗床、谷苗、麦苗最怕蝼蛄窜，损失严重。

生活习性 具有趋化性和强趋光性。喜湿，多在沿河两岸、池塘和沟渠附近产卵。

发生规律 华中、长江流域及以南各省（自治区、直辖市）1年1代；在华北、东北及西北约需2年才能完成1代。在黄淮2年1代区，越冬成虫3月开始出土危害，5月开始产卵，盛期在6～7月；卵经15～28d孵化。至秋季若虫发育至四至七龄，深入土中越冬。第2年春季恢复活动，危害至8月开始羽化为成虫。

防治要点 同华北蝼蛄。

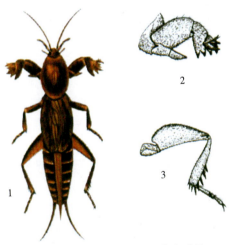

1.成虫 2.成虫前足 3.成虫后足

禾蓟马

学名 *Frankliniella tenuicornis* Uzel，属缨翅目蓟马科。

别名 瘦角蓟马、玉米蓟马。

分布 分布于内蒙古、辽宁、福建、广东、广西、四川、云南、西藏、陕西、甘肃、青海、宁夏、新疆、江西、河南。

形态特征 成虫雌虫体长1.30～1.45mm；灰褐至棕褐色，腹端暗。头长于前胸；头顶前缘稍呈角状突出。触角8节，第三节长为宽的3倍，第三、四节黄色，其余灰褐色。单眼间鬃长，位于三角形连线外缘。前胸后缘角每侧有两根长鬃，前缘角有1根，前缘有1根较长的鬃。雄虫体长约1mm，黄色。触角第五至八节灰黑色，其余黄色。前翅前脉鬃16～17根，后脉鬃11～12根。腹部第三至七节腹片各有1细长、中间稍窄的腺域；腹端亮，钝圆，端鬃长而细。若虫2龄，淡黄灰色。

危害状 以成虫、幼虫在叶背吸食汁液，使叶片出现灰白色细密斑点或黄条斑、局部枯死或全叶卷曲焦枯。危害生长点后，抑制生长发育，植株发黄凋萎或产生多头植株。

生活习性 成虫活泼善跳，稍有惊动即迅速跳开或举翅迁飞；羽化后不久即可交尾，经1~3d开始产卵。

发生规律 贵州年发生约13代，越冬成虫于3月初开始活动，先后在小麦、稗草等春夏开花抽穗的寄主上繁殖4代左右，6月中旬后迁到稻株上产卵繁殖。禾蓟马在水稻、茭白上约发生8代，又迁到其他寄主上取食危害。

防治要点 （1）苗期汰除有虫株，带出田外沤肥或深埋，减少虫源。（2）必要时喷洒10%吡虫啉可湿性粉剂2 000~2 500倍液。

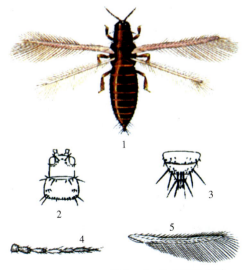

1. 成虫 2. 头和前胸 3. 雌虫腹部末端
4. 触角 5. 前翅

花 蓟 马

学名 *Frankliniella intonsa* (Trybom)，属缨翅目蓟马科。

别名 台湾蓟马。

分布 分布于黑龙江、吉林、辽宁、内蒙古、宁夏、甘肃、新疆、陕西、河北、山西、山东、河南、湖北、湖南、安徽、浙江、上海、江西、福建、台湾、海南、广东、广西、四川、贵州、云南、西藏。

形态特征 雌成虫体长1.3mm左右；暗褐色带紫色。头宽大于长，前缘触角间向前延伸，呈三角形。触角8节，褐色，第三、四节近端部各有一角状感觉器，第五、六节内侧着生1根感觉毛。前胸前角有长鬃1对，长于任何其他前缘鬃；后角有2对长鬃。前翅具前缘鬃19～22根，后脉鬃14～16根。腹末具锯齿状产卵器，向下弯曲。雄虫体较小，淡黄色，长翅型。二龄若虫体长约1mm；淡黄色。触角、头、足、胸及腹部腹面的鬃尖锐，胸腹部背面体鬃尖端微圆钝，与禾蓟马二龄若虫的主要区别为腹侧边缘有隐见的锯齿。

危害状 寄主植物多达54种，分属于禾本科、豆科、菊科、锦葵科、毛茛科、唇形科等，多在花内危害。禾本科寄主有小麦、水稻、甘蔗、看麦娘、稗草等。喜在花部危害，花器受害后，造成落花或籽粒空瘪。

生活习性　田间雌雄比为1∶0.3～0.5。成虫羽化后2～3d开始交配产卵，全天均可进行。卵单产于花组织表皮下，每雌产卵77～248粒，产卵历期长达20～50d。每年6～7月、8～9月下旬是危害高峰期。

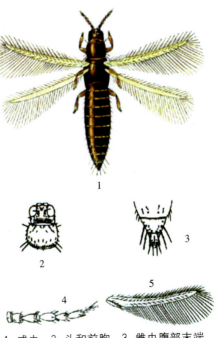

1. 成虫　2. 头和前胸　3. 雌虫腹部末端
4. 触角　5. 前翅

发生规律 南方地区1年发生11～14代，华北、西北地区1年发生6～8代。以成虫在枯枝落叶层、土壤表皮层中越冬。翌年4月中下旬出现第一代。世代重叠严重。成虫寿命春季为35d左右，夏季为20～28d，秋季为40～73d。10月下旬、11月上旬进入越冬期。

防治要点 （1）早春花苗出土前喷洒杀虫剂，进行1次预防性防治，可压低虫口，减少迁移。（2）生长期百株有虫20～30头，喷洒50%辛硫磷乳油、35%伏杀磷乳油1 500倍液、44%速凯乳油1 000倍液、10%除尽乳油2 000倍液、1.8%爱比菌素乳油4 000倍液、35%赛丹乳油2 000倍液。

稻管蓟马

学名 *Haplothrips aculeatus* (F.)，属缨翅目管蓟马科。

别名 麦蓟马、姬麦蓟马、禾谷蓟马、稻皮蓟马。

分布 分布于河北、山西、内蒙古、黑龙江、吉林、辽宁、陕西、宁夏、新疆、河南、安徽、江苏、浙江、福建、台湾、湖北、湖南、广东、海南、广西、四川、贵州、云南、西藏。

形态特征 雌成虫体长1.5～1.8mm，黑褐色至黑色。头长方形，略长于前胸；触角8节，触角上感觉锥的分布：第三节外侧1个，第四节顶端4个，第五节2个，第六节1个。头部简单无刺，复眼后有1对长鬃；前胸鬃及翅基鳞瓣上的3根鬃通常尖锐。前翅端部后缘有间插缨5～8根。腹部二至七节背面两侧各有1对向内弯曲的粗鬃。第十腹节管状，末端具长鬃6根，各长鬃间有弯曲的短鬃。雄虫细小，前足腿节膨大，跗节有齿状突起。卵椭圆形，长约0.3mm，宽约0.12mm。初产时黄白色，将孵化时橘黄色。一龄若虫初孵时乳黄色，二龄若虫体色橙黄。预蛹（三龄若虫）红色，触角及足白色。前蛹(四龄若虫)体色同预蛹;蛹(五龄若虫)触角弯向头两侧,伸达前胸前部,前、后翅芽均达腹部第三节。

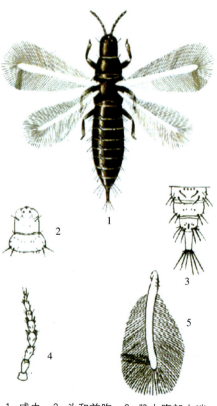

1. 成虫 2. 头和前胸 3. 雌虫腹部末端
4. 触角 5. 前翅

危害状 麦叶受害后,出现灰白小点,严重时叶尖卷曲,甚而全片叶干枯或幼苗死亡。抽穗期成虫、幼虫锉吸花蕊汁液,形成空壳秕粒、麦芒卷曲,为其特征。成虫产卵于麦叶组织内或麦穗颖壳内。卵多产在内颖内侧近基部处,小穗基部绒毛和护颖内侧,孵出若虫多在麦粒腹沟处食害,被害麦粒干瘪,千粒重减轻,影响产量和品质。其寄主还有大麦、燕麦、水稻、谷子、高粱、甘蔗、葱、烟草、蚕豆等。

生活习性 成虫强烈趋花,在小麦扬花期成虫侵入麦穗危害麦花,并产卵于麦叶组织内或麦穗颖壳内。

发生规律 1年发生8代左右,以成虫越冬。卵期4～6d,一至二龄若虫7～12d,三至五龄若虫(即预蛹、前蛹和蛹)3～6d,雌成虫寿命34～71d。陕西关中地区4～6月田间大量发生,干旱条件下发生重。小麦收后迁入玉米田危害玉米等秋作物。

防治要点 (1)冬、春季清除杂草,降低虫源基数;同一品种、同一类型田应集中种植,改变插花种植现象。(2)重发田块选用10%吡虫啉可湿性粉剂2 500倍液、2.5%高效氟氯氰菊酯乳油2 000～2 500倍液等喷雾。

绿 盲 蝽

学名 *Lygus lucorum* (Meyer-Dur)，属半翅目盲蝽科。

分布 分布于河北、山西、陕西、新疆、河南、山东、江苏、安徽、浙江、江西、湖北、湖南、四川。

形态特征 成虫体长5.0～5.5mm，宽约2.5mm；全体绿色。头宽短，黄褐色，复眼黑褐色；触角基部2节绿色，端部2节褐色，以第二节最长。前胸背板绿色，领片显著，浅

成 虫

绿色；小盾片黄绿色。前翅革区、爪区均绿色，革区端部与楔区相接处略呈灰褐色，楔区绿色，膜区暗褐色。卵长约1mm，宽0.26mm，黄绿色，长形，端部钝圆，中部弯曲，颈部较细。卵盖黄白色，边缘较厚，中央微凹陷。若虫梨形，全体鲜绿色，被稀疏黑色刚毛。五龄若虫体长3.4mm，宽1.38mm。触角红褐色，中胸翅芽绿色，脉纹色较深，膜区端部达腹部第五节，足绿色。

危害状 喜在小麦开花时危害造成落花。

生活习性 食性复杂，除危害禾本科作物外，还可危害棉花、麻类、绿肥、果树及蔬菜等。

发生规律 年发生代数自北而南3～5代不等。在北方地区，以卵在苜蓿朽茬、朽秆内越冬。越冬卵于翌春3月下旬至4月上旬孵化，若虫期约30d。4月下旬成虫开始出现，5月上中旬为发生盛期，此时部分由越冬寄主迁至小麦上危害。第一、二代于6、7月危害棉花，第三代发生于8月；当棉花长势衰退时，大量成虫又迁回苜蓿，再繁殖1代后产卵越冬。

防治要点 （1）早春越冬卵孵化前，清除麦田及附近杂草，减少越冬虫源。(2) 麦田虫量较大时喷洒35%赛丹乳油或10%吡虫啉可湿性粉剂或20%灭多威乳油等2 000倍液。

苜蓿盲蝽

学名 *Adelphocoris lineolatus* Goeze,属半翅目盲蝽科。

分布 分布于北京、天津、河北、山西、内蒙古、辽宁、吉林、黑龙江、浙江、江西、山东、湖北、广西、四川、云南、西藏、陕西、甘肃、宁夏、新疆。

形态特征 成虫体长8.0～8.5mm,宽约2.5mm;全体黄褐色,被细毛。触角褐色,长于身体,第二节最长,第四节最短。前胸背

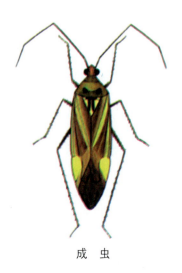

成 虫

板略隆起，胝显著，后缘有两个黑色较大的圆斑；小盾片中央有ΓΓ形黑纹。前翅革片前、后缘黄褐色，中央三角区及爪片褐色，膜区暗褐色，半透明，楔片黄色。卵长1.2～1.5mm，乳白色，颈部略弯曲。卵盖黄褐色，一侧有一突起。五龄若虫体长6.3mm左右，宽约2.13mm。头绿色，复眼红褐色；触角第一、二节绿色，第二节端部及三、四节褐色。

危害状 以刺吸式口气危害小麦造成无头苗、顶叶坏死甚至空洞，前茬为棉花的麦田，发生数量较大。

生活习性 寄主范围广，危害棉花、豆类、薯类、麻类及胡萝卜等。

发生规律 1年发生4代。以卵于苜蓿朽秆内及生长的苜蓿秆内越冬，少量卵产于棉柴及枯铃中。越冬卵于4月上旬开始孵化，4月中旬为孵化盛期。第一代若虫历期约30d，5月中旬羽化，成虫寿命约26d。第二代卵期约13d，若虫期约18d，8月上旬羽化，成虫寿命约20d。第三代卵期约11d，若虫期约16d，9月中旬羽化，成虫寿命约16d。

防治要点 同绿盲蝽。

中黑盲蝽

学名 *Adelphocoris suturalis* Jakovlev，属半翅目盲蝽科。

分布 分布于天津、河北、内蒙古、辽宁、吉林、黑龙江、上海、江苏、浙江、安徽、江西、山东、河南、湖北、广西、四川、贵州、陕西、甘肃。以长江流域棉区为主。

形态特征 成虫体长7.0mm左右，宽2.5mm；体褐色，密布绒毛。触角较体长，第一、二节绿色，三、四节褐色，第二节最

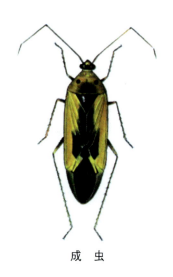

成　虫

长,第四节最短。前胸背板中央有2个黑色圆斑,小盾片,爪片内缘与端部、楔区内部,革区与膜区相接处均为黑褐色,翅合拢时这些部分相连接,在体背中央形成1条黑色纵带,故名中黑盲蝽。卵长1.14mm,宽0.35mm;淡黄色,长形稍弯曲。若虫深绿色,被黑色微弱刚毛;复眼椭圆,红色;腹部第三节后缘有横形红褐色臭腺开口;足红色,腿节及跗节有稀疏小黑点。

危害状 同苜蓿盲蝽。

生活习性 喜食棉花、苕子、胡萝卜、马铃薯、茼蒿、芹菜、蚕豆、甜菜、黄花苜蓿、聚合草、大麦、小麦、杞柳、桑、向日葵等。

发生规律 1年发生4代,以卵在苜蓿茬和杂草寄主内越冬,翌年4月上旬孵化,若虫在苜蓿、苕子及蒿类杂草上活动。卵发育起点5.4℃,有效积温217℃。幼虫发育起点9℃,有效积温329℃。第一代成虫5月上旬出现并可迁入麦田危害,但数量很少。第二代6月下旬、第三代8月上旬、第四代9月上旬出现,主要危害棉花。

防治要点 同绿盲蝽。

三点盲蝽

学名 *Adelphocoris fasciaticollis* Reuter,属半翅目盲蝽科。

别名 三点苜蓿盲蝽。

分布 分布于河北、山西、内蒙古、辽宁、吉林、黑龙江、江苏、安徽、江西、山东、河南、湖北、海南、四川、陕西、甘肃。

形态特征 成虫体长6.5~7.0mm,宽2.0~2.2mm;体黄褐色,被细绒毛,触角褐色,第二节最长,第三节次之,各节端部色较深。前胸背板绿色,颈片黄褐色,胝黑色,后

成 虫

缘有1个黑色横线，有时中间断开，呈2个黑色横斑；小盾片与两个楔片呈明显的3个黄绿色鼎立斑。卵长1.2～1.4mm，宽约0.33mm；淡黄色。卵盖平坦，椭圆形，黄褐色，具1个指状突起。若虫黄绿色，被黑色细毛。头黑色，有橙色叉状纹。背中线色浅。足黑褐色，前足及中足胫节近基部与中段黄白色；后足胫节在近基部处有黄白色斑。

危害状 同首蓿盲蝽。

生活习性 成虫晚间产卵，尤喜在杨、柳、槐3种树上产卵。常产于叶柄与叶片相接处，其次为叶柄及主脉附近。

发生规律 1年发生3代。以卵于树干上有疤痕的粗糙树皮下越冬。越冬卵于4月下旬开始孵化，孵化后即迁至附近的小麦、豌豆、棉花等作物上危害，第三代若虫8月上旬孵化，8月下旬至9月上旬为成虫羽化盛期，大部分于9月中旬迁至树木上产卵越冬。后期世代重叠。

防治要点 同绿盲蝽。

赤须盲蝽

学名 *Trigonotylus ruficornis* Geoffroy，属半翅目盲蝽科。

分布 分布于北京、河北、内蒙古、黑龙江、吉林、辽宁、山东、河南、江苏、江西、安徽、陕西、甘肃、青海、宁夏、新疆。

形态特征 成虫体长5.5～6.0mm，宽1.3～1.5mm；全体淡黄或淡绿色，两侧几乎平行。体形细长，头部向前方突出，头顶中央有细纵沟；复眼半球形，黑色；触角4节，淡红

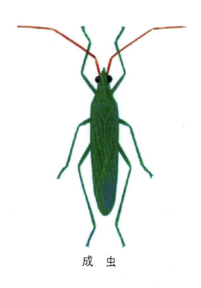

成 虫

色，细长。前胸背板稍呈梯形，前后缘向内侧弯曲。小盾片三角形，基部微隆起。前翅淡绿色，远超过腹末。胫节端部及跗节淡红色，跗节末端黑色；第一跗节长于第二、三节之和。

危害状 刺吸寄主体液，成虫、若虫在叶片及穗上吸食危害，小麦黄熟阶段，组织老化，不宜取食时迁离麦田。除危害小麦外，还可危害大麦、燕麦、水稻、高粱、谷子、苜蓿、甘薯、棉花等。

生活习性 成虫白天活跃，傍晚和清晨不甚活动，阴雨天隐蔽在植物中下部叶片背面。羽化后 7～10d 开始交配。雌虫多在夜间产卵，卵多产于叶鞘上端，每雌每次产卵 5～10 粒，卵粒 1 排或 2 排。气温 20～25℃，相对湿度 45%～50% 的条件最适宜卵孵化。若虫行动活跃，常群集叶背取食危害。

发生规律 华北地区 1 年发生 3 代，以卵越冬。第一代若虫于 5 月上旬进入孵化盛期，5 月中下旬羽化。第二代若虫 6 月中旬盛发，6 月下旬羽化。第三代若虫于 7 月中下旬盛发，8 月下旬至 9 月上旬，雌虫在杂草茎叶组织内产卵越冬。

防治要点 同绿盲蝽。

根 土 蝽

学名 *Stibaropus flavidus* Signoret，属半翅目土蝽科。

别名 麦根椿象、黄根土蝽、地蝽，俗称土臭虫或地壁虱。

分布 分布于河北、吉林、辽宁、天津、内蒙古、山西、河南、陕西、甘肃、山东、江西、台湾。

形态特征 成虫体长约5.3mm，宽3.7mm。体近圆形，淡褐色至深褐色。头短宽，宽约为长的2倍，边缘锯齿形，具18～20个短刺。眼极小，不突出于两侧。前胸背板隆起，前部光滑，后部具刻点及横皱纹，侧具长毛。小盾片基部光滑，端部有横皱。前翅具稀疏刻点，前缘具长毛。前足胫节镰刀状，近端部处黑褐色，光秃，其余部分多毛及刺。后足腿节极粗，胫节马蹄形，底面及周缘具许多粗刺。卵灰白色，椭圆形，长约1.1mm，宽0.7mm左右。初孵若虫乳白色，渐变为乳黄至棕黄色。四龄若虫椭圆形，淡褐色。

成 虫

危害状 小麦受害后,可造成苗期枯死或成株期植株矮小、色黄、籽粒秕瘦,严重者全株枯黄而死。食性较广泛,除危害麦类、高粱、谷子、糜子等禾谷类作物外,也危害大豆、草木犀等豆科植物及杂草。

生活习性 成虫白天出土,以中午12时前为最多,傍晚钻入土内。交配和产卵一般在20~30cm的土层中,卵多散产,单雌产卵数粒至几十粒。飞翔力较强,有假死习性,耐寒、耐旱、耐饥能力强,多分布在沙壤土田块,并且能分泌臭液,如有大发生,进入田间便可闻到臭味。

发生规律 陕北一般2年完成1代。成虫、若虫均可越冬,越冬成虫于4月下旬开始取食活动,7月交尾、产卵,卵平均历期30d左右;8月下旬若虫孵化,若虫取食1个阶段,9月中下旬进入越冬,翌年5月上旬开始活动,越冬期200余天。若虫历期320~350d老熟,8月上旬成虫盛发,9月中下旬进入越冬。成虫历期330~360d。土温达25℃,土壤水分饱和的情况下,雌虫出土;因此雨后雌虫常出土活动。

防治要点 (1)小麦与非禾本科作物轮作。(2)播前施用3%甲基异柳磷颗粒剂,每667m²用量3kg,撒在播种沟内进行土壤处理。(3)雨后或灌水后于中午喷洒2.5%甲基异柳磷或其他有机磷粉剂。

横纹菜蝽

学名 *Eurydema gebleri* Kolenati,属半翅目蝽科。

别名 乌鲁木齐菜蝽。

分布 除华南外,国内其他地方均有分布。

形态特征 成虫体长 5.5~7.5mm,宽 3~4mm;椭圆形。头部黑色,边缘黄红色。复眼前方内侧各有1个黄色斑;触角黑色,每节

成 虫

端部白色。前胸背板黄色、红色,有大黑斑6块,前2后4横向排列,后排中间2个黑斑中间及后缘红色。小盾片基部呈一近三角形大黑斑,近端处两侧各有一小黑斑;除黑色部分外,由端部向基部如一黄色、红色丫字。腹部腹面黄色,各节中央有1对黑斑,近边缘处每侧有一黑斑。足、腿节黄红色,但端部黑色,具一白斑;胫节中部白色,两端黑色;跗节黑色。卵污白色,鼓状。基部及端部有2个黑圈,中部有1个黑圆斑。卵表粗糙。

危害状 以成虫、若虫吸食小麦叶片及穗部汁液,受害严重的麦株麦叶枯黄。在虫体密集的分布核心可使麦叶枯黄。

生活习性 在麦田常集中发生。呈核心分布型。

生活规律 陕北地区于5月发生于麦田。

防治要点 (1)冬季进行冬耕和清理菜地,消灭部分越冬成虫。(2)成虫盛发期和若虫分散危害之前进行药剂防治,可喷洒90%敌百虫晶体800倍液或50%辛硫磷乳油1 000倍液、2.5%高效氯氟氰菊酯乳油2 500倍液、10%高效氯氰菊酯乳油3 000倍液等。

稻 绿 蝽

学名 *Nezara viridula* (L.)，属半翅目蝽科。

分布 分布于吉林、辽宁、河北、山西、陕西、山东、江苏、安徽、浙江、江西、福建、台湾、河南、湖北、湖南、广东、广西、四川、贵州、云南。

形态特征 成虫体长12～16mm，宽6.5～8.5mm；全体鲜绿色。有的个体前胸背板前侧缘具极狭窄黄边；小盾片基缘有3个小黄斑。触角第一至三节绿色，第三节末端、第四节末端、第五节端部一段黑色。腹面淡绿色或黄绿色，密布绿色点斑。卵圆筒形，淡绿色。卵盖边缘白色，中心隆起，近卵盖边有1圈白色小刺突；卵高约1.6mm，宽约1.3mm。初孵若虫呈黑色，以后渐变绿。三龄后体大部分绿色，仅腹部背面有2个黑色横斑，体缘黑色，体背散布小黑点。体腹面淡绿色或黄绿色。触角及足胫、跗节均黑褐色，腿节淡绿色。

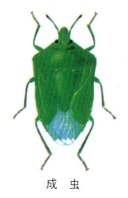

成 虫

危害状 麦苗期被害后,叶片变黄,发育不良或形成枯心;抽穗至乳熟期,常聚集在穗部危害,造成瘪粒或白穗,使谷壳变黑,麦粒变黑。

生活习性 成虫产卵于小麦叶表面,卵排列整齐,4~6粒排成1行。若虫初孵时围于卵壳旁,不取食,蜕第1次皮后开始取食。除危害小麦外,还危害水稻、谷子、高粱、玉米、豆类、薯类、芝麻、甜菜、果树等多种植物。

发生规律 东北地区1年发生1代,山东2代,江西3代,广东4代,世代重叠。以成虫在杂草丛中、土缝、树洞、棕榈叶丛及树木茂密处群集越冬。江西越冬成虫4月中上旬出蛰,5月中旬至6月中旬产卵,以后每隔1个半月左右发生1代。11月上中旬后成虫陆续进入越冬期。

防治要点 (1)冬春结合积肥,清除田边附近杂草,减少越冬虫源。(2)利用成虫早晨和傍晚飞翔活动能力差的特点,进行人工捕杀。(3)若虫盛发高峰期群集在卵壳附近尚未分散时,选用90%敌百虫700倍液、80%敌敌畏乳油800倍液、50%杀螟硫磷乳油1 000~1 500倍液、40%乐果乳油800~1 000倍液、25%亚胺硫磷乳油700倍液或菊酯类农药2 000~3 000倍液喷雾。

斑 须 蝽

学名 *Dolycoris baccarum* (L.)，属半翅目蝽科。

别名 细毛蝽。

分布 全国各地均有分布。

形态特征 成虫体长8.0～12.5mm，宽4.5～6.0mm；椭圆形，黄色至黑褐色，体上密生细茸毛及黑色刻点。触角第一节黑色，二

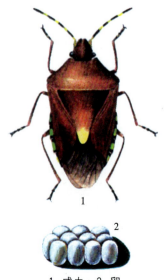

1. 成虫 2. 卵

至四节基部及端部黑色，中部黄色，第五节基部淡黄色，端部黑色。前胸背板前侧缘具淡白色边，后部常呈暗红色；小盾片末端色淡，翅革片红褐色或紫褐色。腹部各节侧接缘黄黑相间，体腹面黄褐色，少有呈褐色者。卵肉粉色。1个卵块有卵50余粒，卵盖周缘粉白色，边缘具小刺突；卵表具网状花纹并密生小刺。一龄若虫体长约2.2mm，近圆形。头部包括触角、胸部及足黑色。腹部淡黄色，周缘黑色，背面及腹面中间亦黑色，各节间显红色。体上细毛不明显。二龄后体密生淡色细毛，腹部颜色变深。末龄若虫暗灰褐色，臭腺孔呈黄色小点，周围黑色。腹部边缘有5个半圆形黑斑。足黄褐色，胫节末端及跗节黑褐色。

危害状 吸食麦叶及穗部汁液，麦叶出现黄色斑点，籽粒灌浆不饱满。除危害小麦外，水稻、玉米、豆类、蔬菜、果树、烟草、麻类、棉花等也可受害。

生活习性 成虫羽化后3d后开始交配，具有多次交配习性，交配后2～3d开始产卵。卵聚产成块，卵多产在小麦植株中上部叶片正面。初孵若虫聚集卵壳周围，行动迟缓，第二龄开始分散，第三龄即分散于植株各个部位或邻近植株上取食危害。四至五龄食量增大，受惊易伪死落地。成虫有弱趋光性和伪死性。其寄主极多。

发生规律 陕西、河南、山东、安徽与苏北1年3代。以成虫在林木树皮裂缝、农田中房舍的墙缝、房檐下,麦苗、油菜、杂草根际、枯枝落叶、土块、土缝等隐蔽处越冬。春天气温上升到8℃开始活动。关中西部灌区,成虫于4月中旬在麦田发生,4月下旬产卵,卵经7d左右孵化。小麦收后迁至其他作物或树木上危害。

防治要点 (1)重视烟田周围麦田的防治。(2)结合田间管理捕杀成虫、若虫,减少田间虫口密度。(3)一般不需专门进行药剂防治,可结合防治其他害虫进行喷药防治。

西北麦蝽

学名 *Aelia sibirica* Reuter,属半翅目蝽科。
别名 麦尖头蝽。
分布 分布于黑龙江、吉林、辽宁、河北、山西、内蒙古、新疆,陕西、宁夏、甘肃、青海。
形态特征 成虫体长约10.5mm,宽4.5mm;土黄褐色、黄色浓,与华麦蝽斑纹大致相似。前胸背板及小盾片表面平整,没有刻点的淡色光滑纵纹很少,但前胸背板及小盾片纵中线两侧的黑带较华麦蝽窄,前胸背板侧缘黑带亦较窄,前胸背板纵中线在中部靠前处最宽,小盾片纵中线在基部最宽,均不呈细线状。前翅

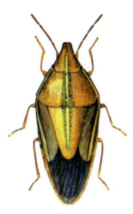

成 虫

革片沿淡色的外缘及径脉内侧有一淡黑色纵纹；各足腿节无明显黑斑。卵长圆筒形，高约1mm；初产时无色透明，后渐变为黄色，将孵化时呈铅色。若虫共5龄，前2龄无翅芽，体呈黑色，三龄后渐长出翅芽，体变为黄褐色，并出现黑色纵带。

危害状 麦苗被害后，叶片出现白斑或枯心，变黄枯萎。有的卷曲，严重受害时麦叶如被牲畜吃去尖端一般。甚至成片死亡。后期被害可造成白穗，籽粒不饱满，减产颇重。

生活习性 卵多产于麦株下部枯黄叶片背面，个别产于绿叶或麦穗上，卵呈单行排列；每卵块有卵11～12粒。

发生规律 1年发生1代，主要以成虫越冬，老龄若虫亦可越冬。越冬场所多在杂草或灌木丛生的地方，如田埂、渠岸，麦蝽躲至草丛落叶下或土壤缝隙间。春季3～4月先在禾本科杂草上生活，4月下旬5月初迁至麦田危害，6月上旬交尾产卵，交尾次日即可产卵，卵期约7d，若虫6月中旬发生，一直危害到小麦成熟前迁至杂草上危害，9月后进入越冬期。

防治要点 （1）越冬虫出蛰前，清除麦田附近杂草深埋或烧毁，减少虫源。（2）必要时用2.5%敌百虫粉1kg，拌细沙20kg，洒入草丛。（3）成虫危害高峰期喷洒2.5%敌百虫粉每667m²1.5～2kg，或者喷洒其他药剂。

麦二叉蚜

学名 *Schizaphis graminum* (Rondani)，属半翅目蚜科。

分布 分布于河北、山西、内蒙古、陕西、宁夏、甘肃、新疆、江苏、安徽、江西、福建、河南、湖北，国内麦区普遍发生。

形态特征 无翅孤雌蚜体卵圆形，长2mm，宽1mm；淡绿色，背中线深绿色。中额瘤稍隆起，额瘤稍高于中额瘤。触角黑色。体背光滑，腹部第六至八节背有模糊瓦纹。腹管色淡，顶端黑色，长圆筒形。尾片及尾板灰褐色，尾片长圆锥形，中部稍收缩，有微弱小刺瓦纹及长毛5~6根。尾板末端圆，有毛8~19根。有翅孤雌蚜体长卵形；长1.8mm，宽0.73mm。头、胸黑色，腹部淡色，有灰褐色微弱斑纹。腹部第二至四节缘斑甚小，连同气门片和缘瘤均灰褐色。触角黑色，第三节有小圆形次生感觉圈4~10个，一般5~7个。腹管淡绿色，略有瓦纹，短圆筒形。前翅中脉分为2叉。

危害状 麦苗被害后，叶片枯黄生长停滞，分蘖减少；后期麦株受害后，叶片发黄，麦粒不饱满，严重时，麦穗枯白不能结实，甚至整株枯死，损失严重。此外，还是麦类黄矮病病毒的媒介昆虫，其传毒能力强。麦二叉蚜大发生的年份，往往小麦黄矮病流行，造成更为惨重的损失。

生活习性 喜在幼苗阶段危害，不耐强光照，多在植株底部、叶片背面，但也可上升到旗叶鞘内危害，受害部位呈现褐色或黄色斑。不喜氮素肥料，瘠薄田发生重。

发生规律 1年发生10代以上，以无翅孤雌成虫或若蚜在小麦根际及土缝内越冬。在北纬36°以北较冷的麦区多以卵在麦苗枯叶上、土缝内或多年生禾本科杂草上越冬；在南方则以无翅成蚜、若蚜在麦苗基部叶鞘、心叶内或附近土缝中越冬，天暖时仍能活动取食；华南地区冬季无越冬期。关中地区越冬蚜一般于2月中下旬开始危害，3~4月大量繁殖达到危害盛期，并产生有翅蚜扩散蔓延。小麦抽穗后多迁至早秋作物，如春播玉米、高粱等作物及禾本科杂草上；7~9月在夏播玉米、高粱、糜子或自生麦苗、马唐等杂草上危害；10月秋播麦苗出土后，又迁到麦苗上危害至11月后进入越冬。麦二叉蚜最适温度、相对湿度分别为15~22℃和35%~67%，30℃以上滞育。耐干旱，相对湿度35%~75%适于其发生，在低于60%时，繁殖速率和耐高温能力还有提高。因此冬季及早春干旱，温度偏高的年份往往大发生。

防治要点 （1）清除田内外杂草，早春耙糖镇压,适时冬灌。(2)选育推广抗蚜耐蚜丰产品种,冬麦区适当迟播,春麦区适当早播。(3)合理选用农药,保护利用或助迁天敌。(4)小麦黄矮病流行区,播种时选用60%吡虫啉悬乳剂100～200g,加水7～10kg,与100kg小麦种子搅拌均匀,再摊开晾干后播种。(5)播种时选用3%呋喃丹颗粒剂或5%3911颗粒剂等,每公顷22.5～30kg,随种子溜入。(6)穗期选用10%吡虫啉可湿性粉剂或3%啶虫脒微乳剂2 500倍液、50%抗蚜威可湿性粉剂1 000倍液、48%毒死蜱(乐斯本)乳油1 500倍液、20%杀灭菊酯乳油或2.5%溴氰菊酯乳油2 500倍液等。

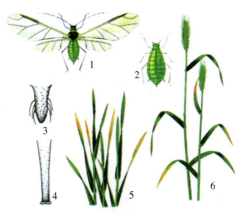

1.有翅孤雌蚜 2.无翅孤雌蚜 3.无翅孤雌蚜尾片
4.无翅孤雌蚜腹管 5.小麦黄矮病株苗期症状
6.小麦黄矮病株穗期症状

禾谷缢管蚜

学名 *Rhopalosiphum padi* (L.)，属半翅目蚜科。

分布 分布于黑龙江、吉林、辽宁、河北、山西、内蒙古、陕西、新疆、河南、上海、江苏、浙江、山东、福建、广东、广西、湖南、湖北、四川、重庆、贵州、云南。

形态特征 无翅孤雌蚜宽卵形，体长1.9mm，宽1.1mm。橄榄绿至黑绿色，常被白色薄粉，腹管基部周围常有淡褐或锈色斑。额瘤高于稍隆起的中额瘤。触角黑色，长为体长的0.7倍。腹管灰黑色，长圆筒形，顶部收缩，有瓦纹，顶端黑色。尾片及尾板灰黑色。尾片

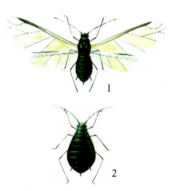

1.有翅孤雌蚜　2.无翅孤雌蚜

圆锥形,中部收缩,具曲毛4根,有微刺构成的瓦纹。有翅孤雌蚜体长卵形,长2.1mm,宽1.1mm。头、胸黑色,腹部绿至深绿色。腹部第二至四节有大型绿斑;腹管后斑大,围绕腹管向前延伸,与很小的腹管前斑相合;第七节缘斑小,第七、八腹节背中有横带。节间斑灰黑色,腹管黑色。触角第三节有小圆形至长圆形次生感觉圈19~28个,分散于全长,第四节有次生感觉圈2~7个。

危害状 嗜食小麦茎秆、叶鞘,甚至根颈部,可上到穗部及穗茎危害。寄主植物有小麦、玉米、高粱等早秋作物,还有燕麦草、雀麦草及莎草科、香蒲科杂草。

生活习性 不喜光照,一般分布在根际附近或茎部叶鞘内。喜高湿,年降水量在250mm以下的地区不能发生。

发生规律 1年发生10~30代不等。在陕北地区为全周期,以卵在桃、杏、李等树木上越冬;关中及陕南为不全周期,以无翅孤雌成蚜或若蚜在麦苗根基部越冬。关中越冬蚜于翌春3月上旬开始活动,在小麦上繁殖数代;小麦黄熟期,迁至春播玉米、高粱等早秋作物及燕麦草、雀麦等杂草上,而后危害夏播玉米,或在自生麦苗上生活。秋季小麦出苗后,又迁回小麦上危害并越冬。

防治要点 同麦二叉蚜。

麦长管蚜

学名 *Macrosiphum avenae* (F.)，属半翅目蚜科。

分布 全国麦区均有发生。

形态特征 无翅孤雌蚜体长卵形，长3.1mm，宽1.4mm；草绿或橙红色。额瘤明显外倾。触角细长，黑色，第三节基部有圆形次生感觉圈1～4个。体表光滑，腹部两侧有不甚明显的灰绿色斑，腹部六至八节及腹面具明显横网纹。腹管黑色，长圆筒形。尾片长圆锥形，近基部1/3处收缩，有圆突，构成横纹，有曲毛6～8根。尾板末端圆形，有长短毛6～10根。

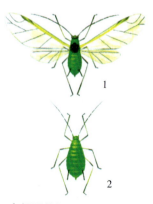

1. 有翅孤雌蚜　2. 无翅孤雌蚜

有翅孤雌蚜体椭圆形，长3.0mm，宽1.2mm。头、胸部褐色骨化，腹部色淡，各节有断续褐色背斑，第一至四节具圆形绿斑。触角与体等长，黑色，第三节有圆形感觉圈8~12个。腹管长圆筒形。尾片长圆锥形，有长毛8~9根。尾板毛10~17根。前翅中脉3分叉。

危害状 麦长管蚜嗜食穗部，耐湿喜光，抽穗前多分布在植株上部叶片正面，叶部受害后呈现褐色斑点或斑块。

发生规律 为迁飞性害虫，春、夏季（3~6月）随小麦生育期逐渐推迟，由南向北逐渐迁飞，北方麦收后在禾本科杂草上繁殖，秋季（8~9月）再南迁。1月0℃等温线（大致沿淮河）以北不能越冬，淮河流域以南以成蚜、若蚜在麦田越冬。华南地区冬季可继续繁殖。在南、北各麦区，其生活史周期型属不全周期型。3月中下旬，有翅蚜开始迁入活动，抽穗后虫量渐增，至灌浆期虫口直线上升，群集穗部危害，以后随着小麦的逐渐成熟及多种天敌的作用，虫口衰退下来。小麦收获后，在春播玉米、高粱及鹅观草、燕麦草等杂草上生活。夏季高温阶段往往在冷凉山区杂草上发生。麦长管蚜最适温度、相对湿度分别为12~20℃和40%~80%，28℃以上滞育。

防治要点 同麦二叉蚜，但以穗期防治为重点。

麦无网长管蚜

学名 *Acyrthosiphon dirhodum* (Walker)，属半翅目蚜科。

别名 麦无网蚜。

分布 分布于北京、河北、陕西、甘肃、宁夏、河南、云南、西藏。

形态特征 无翅孤雌蚜体纺锤形，长2.5mm，宽1.1mm。蜡白色，体表光滑。触角

1. 有翅孤雌蚜 2. 无翅孤雌蚜

细长，第三、四、五各节顶端，第六节基部顶端1/2及鞭部深灰至黑色，余同体色；第三节有小圆形感觉圈1~3个。中额隆起，额瘤显著外倾。腹管蜡白色，顶端色较暗，长筒形。尾片舌形，基部收缩，有刺突、瓦纹及粗长毛7~9根。尾板末端圆形，有8~10根毛。有翅孤雌蚜体纺锤形，长2.30mm，宽0.91mm。蜡白色，头、胸黄色。触角第三节有小圆形感觉圈10~20个，分布全节外缘1列。腹管长圆筒形，约与触角第五节等长。尾片毛6~9根；尾板毛9~14根。

危害状 危害部位主要在叶正面，但危害后无斑痕。

生活习性 不耐高温，7月平均温度超过26℃或年均温超过12℃的地区不能越夏。除危害小麦外，其寄主还有大麦、裸麦、黑麦、燕麦、莜麦、糜子、高粱等作物及长穗冰草、稗草、早熟禾等多种禾本科杂草。亦为麦类黄矮病的媒介昆虫，传毒能力较麦二叉蚜及麦长管蚜弱。

发生规律 麦无网蚜在温暖地区亦为不全生活周期，终年生活在禾本科植物上。

防治要点 同麦二叉蚜。

灰飞虱

学名 *Laodelphax striatellus* (Fallen)，属半翅目飞虱科。

别名 灰稻虱。

分布 全国各地均有分布。

形态特征 长翅型成虫体连翅长3.5～4.0mm，短翅型体长2.4～2.6mm。体淡黄褐至灰褐色；头顶基半部淡黄色，端半部及整个面部黑色，仅隆脊淡黄色；触角黄色。前胸背板淡黄色，中胸背板雄虫黑色，仅后缘淡黄色，雌虫中域淡黄色，侧区暗褐色。前翅近于透明，具黑褐色斑纹。胸、腹部腹面雄虫黑褐色，雌虫黄褐色。足淡黄褐色。

危害状 寄主范围广，除危害小麦外，也危害大麦、燕麦、水稻、玉米、谷子等多种禾谷类作物及狗尾草、棒锤草、稗、看麦娘等杂草。除刺吸危害小麦外，还是小麦丛矮病病毒媒介昆虫。

生活习性 不耐高温且喜通透性良好的环境，在35℃左右高温下，若虫有停育现象。

发生规律 我国自北向南每年发生4～8代，华北地区4～5代。灰飞虱抗寒力和耐饥力强；在我国各发生地区均可安全过冬。在福建、广东、广西和云南南部,卵、若虫、成虫3种虫态都可以越冬,其他地区主要以三、四龄若虫在麦田、绿肥田、沟边、河边的禾本科杂草上越冬。陕西关中地区1年约发生5代。以成虫在麦苗基部土缝内越冬,春季3月上旬开始活动,在麦田繁殖1代后,5、6月随小麦进入黄熟而迁到田边、渠岸杂草上或早播秋田内继续繁衍,并向玉米、高粱、谷子等作物田扩散,10月冬小麦出苗后,又迁到麦田,危害一段时间后进入越冬。

防治要点 (1) 冬季结合积肥,彻底清除杂草,消灭灰飞虱越冬虫源。(2) 保护天敌,如青蛙、稻田蜘蛛等。(3) 飞虱对有机磷杀虫剂、氨基甲酸酯类杀虫剂的抗性水平逐年提高,特别对拟除虫菊酯类杀虫剂的抗性发展速度较快,药剂防治应选用10%吡虫啉可湿性粉剂1 000倍液、25%噻嗪酮可湿性粉剂1 000倍液。

成 虫

白背飞虱

学名 *Sogatella furcifera* (Horvath)，属半翅目飞虱科。

分布 除新疆不明外，国内其他地方均有发生。

形态特征 长翅型成虫体连翅长3.8～4.6mm，短翅型体长2.5～3.5mm。雄体黑褐色，颜面纵沟黑褐色，头顶及两侧脊间、前胸和中胸背板中域黄白色，前胸背板侧脊外方于复眼后有一暗褐色新月形斑，中胸背板侧区黑褐色。前翅淡黄褐色，透明，有时端部具烟褐色晕圈，翅斑黑褐色。胸、腹部腹面黑褐色，抱器瓶状，前端为2小分叉。雌体黄白色或灰黄褐色，小盾片中间黄白色，两侧黑色或暗褐色，少数颜面纵沟黄白色，整个腹面黄褐色，中胸背板侧区浅黑褐色。卵初产时新月形，以后变为尖辣椒形。卵单行排列，卵帽不露出组织外。初龄若虫灰褐色。三龄以后灰黑色，腹背三至四节有1对乳白色三角形斑纹。

危害状 以成虫、若虫群集于麦苗下部刺吸汁液。是水稻上的重要害虫，也可危害小麦、玉米、高粱、甘蔗及游草、看麦娘、稗等杂草。

生活习性 群集拥挤的习性较差,田间虫口密度稍高即迁飞转移。

发生规律 各地一般1年发生2～8代不等,海南南部1年发生11代。长江以南4～7代,淮河以南3～4代,东北地区2～3代,新疆、宁夏1～2代。在北纬26°左右地区以卵在自生稻苗、晚稻残株、油草上越冬,在此以北广大地区虫源由越冬地迁飞而来。陕西省南部无越冬虫,每年最早于6月中旬开始出现,田间7月下旬至8月上旬虫口达到顶峰,以后下降。

防治要点 同灰飞虱。

成 虫

黑尾叶蝉

学名 *Nephotettix cincticeps* (Uhler)，属半翅目叶蝉科。

分布 全国各地均有分布。

形态特征 成虫体长雄约4.5mm，雌约5.5mm；黄绿色。头黄绿色，两复眼间有一黑色横线，横线后方有一黑色细纵线。复眼黑褐色，单眼黄绿色。前胸背板前半部黄绿色，后半部绿色；小盾片黄绿色。一般雄虫前翅1/3为黑色（少数雌虫亦有），腹部黑色；雌虫翅端1/3为淡褐色（少数雄虫也有），腹部淡褐

成 虫

色。卵长约1mm,长椭圆形,中间微弯曲。初产时无色透明,后变黄色。若虫5龄。初龄若虫体黄白色,微带绿色;五龄若虫体色灰白至黑褐,后胸出现倒八字形纹。

危害状 被害植株外表呈现棕褐色条斑,苗期和分蘖期可致全株发黄、枯死;穗期、乳熟期可致茎秆基部变黑,烂秆倒伏。

生活习性 成虫多在5~10时羽化。羽化后约经1h开始取食,行动活泼,趋光性强。羽化后经7~8d开始产卵。卵多数产于水稻叶鞘边缘内侧,少数产在茎秆组织中或叶片主脉内,以稻株下部第1、2叶鞘内侧最多。若虫有群集性,多在稻丛基部活动,随着植株组织老化,逐渐向上移动。

发生规律 年发生代数因地而异。淮河以北1年发生4~5代;长江流域各稻区1年发生5~7代;福建、广东、广西一带可发生7~8代。除一至二代发生较整齐外,其余世代重叠严重。以三至四龄若虫和少量成虫在绿肥田、作物地、休闲田、田边、沟边、塘边等杂草上越冬,其中以看麦娘、生长旺盛的绿肥田越冬虫口密度最大。在南方麦区,越冬若虫3月中下旬旬平均气温达11℃时或连续4~5d气温达13℃以上时,开始羽化。越冬成虫在日平均气温15℃以上时开始转移。4~5月越冬成虫集中危害、产卵和繁殖,是麦田受害最严重的时期。6月中下旬至7月上旬第二代集中在早稻秧田、早稻本田和晚稻秧苗中危害。7月中下旬至8月下旬发生第三、四代,主要集中在双季晚稻秧田、本田及单季晚稻本田,此时是1年中虫口密度最大、危害最重的时期。9月以后,虫量逐渐减少,但遇秋季高温、干旱年份迟熟晚稻也可受害。生长发育的最适温度为28℃左右,相对湿度为70%~90%。夏、秋高温、少雨有利发生,尤其是6~7月温度偏高、降水量少,相对湿度偏低,则早稻后期第二、三代虫口密度高。

防治要点 (1)合理调整作物布局。(2)掌握越冬代成虫从绿肥田迁移到麦田初期,二至三龄若虫盛发期时,及时喷药防治。

电 光 叶 蝉

学名 *Inazuma dorsalis* (Motschulsky),属半翅目叶蝉科。

分布 黄河流域及其以南地区均有分布。

形态特征 成虫体长3～4mm,灰白色,有淡褐色斑纹。头部黄白色,头冠有4个淡黄褐色斑点,额唇基区具淡黄褐色横纹;复眼暗褐色,单眼黄色。前胸背板淡灰黄色,近前缘处黄白色,上具黄褐色斑点,中后部有4条不太明显的淡黄褐色纵纹;小盾片淡灰黄色,近基角处有一淡褐色斑。前翅淡灰黄色,上有闪电状淡褐色宽带。卵椭圆形,初产时白色,后

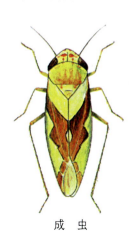

成　虫

为黄色。若虫5龄。初龄若虫头部乳白色，复眼间有2个大形楔状斑；体背黑色，胸部背面中线黄色。五龄翅芽伸达腹部第四节；胸背有不规则淡色斑；腹部一至六节背面有1对褐斑。

危害状 成虫、若虫刺吸作物叶片、茎秆的汁液，初期出现白色小点，后叶片干枯，影响正产生长发育；并能传播病毒病，导致更大减产。

生活习性 多食性，除小麦外，寄主还有水稻、甘蔗、玉米、高粱、谷子等作物。成虫产卵于寄主植物叶片中脉。

发生规律 浙江1年发生5代，四川5~6代。以卵在寄主叶背中脉组织中越冬。危害最重的时期，长江中下游稻区在9~11月，四川东部在8月下旬到10月上旬。卵历期10~14d。若虫历期11~14d，10~11月发生的若虫，历期长达37d。雌虫寿命一般20d，雄虫一般15d。产卵前期平均7d。卵多在5~13时孵化，以8时左右最盛。

防治要点 同黑尾叶蝉。

条沙叶蝉

学名 *Psammotettix striatus* (L.)，属半翅目叶蝉科。

别名 条斑叶蝉。

分布 分布于东北、华北、陕西、甘肃、宁夏、安徽、浙江、福建、台湾。

形态特征 成虫体长3.3～4.3mm，黄褐色。头部淡黄色，具淡褐色斑纹数个，在头冠近前端处的1对呈三角形，斑后连接黑褐色中线，中线两侧中部各有1个大形不规则斑块，近后缘各有2个豆点形条纹达后缘。复眼黑褐色，单眼赤褐色。前胸背板暗黄褐色，有5条

成　虫

平行的淡黄色纵条纹。小盾片淡黄色,基部两侧具暗褐色斑,中央有2个不明显的褐色小点,横刻痕黑褐色。前翅淡灰黄色,半透明,翅脉黄白色,在中端室中常具暗褐色斑块,外端室透明。胸部腹板及腹部黑色。卵长椭圆形,一端稍细,中间微弯。初产时乳白色,孵化前橘黄色,复眼赤褐色,明显可见。共5龄。一至二龄若虫头比较大,腹部较细小,体色淡。三龄后翅芽明显,淡黄褐色。

危害状 成虫、若虫刺吸作物叶片、茎秆的汁液,初期出现白色小点,后叶片干枯,影响正常生长发育;并能传播小麦蓝矮病,导致更大减产。

生活习性 有弱趋光性、善跳,受惊则飞翔,入夜多潜于麦丛基部叶下。

发生规律 1年发生3~4代,以3代为主。陕北丘陵沟壑区主要以卵越冬。越冬卵于3月上中旬开始孵化,4月中下旬至5月中旬,小麦拔节期为第一代若虫高峰期。4月中旬成虫始见,5月上中旬为盛发期。成虫产卵于小麦植株下部叶片及叶鞘组织内。此时已至小麦抽穗扬花期,组织老化,不宜取食,成虫迁往早秋作物(春玉米、春谷子)田危害。第二代若虫发生于6、7月,若虫主要取食禾本科杂草及自生麦苗,或迁至附近的禾谷类作物田生活。成虫出现于6月下旬,主要在晚秋各类作物及禾本科杂草上危害,并产卵于寄主植物植株下部近地面的叶片或叶鞘组织内。第三代若虫出现于7月中旬,取食晚秋谷类作物、自生麦苗及禾本科杂草。9月上中旬成虫出现,冬小麦出苗后,迁至麦苗上危害。10月中下旬为迁移高峰期,11月上旬为产卵盛期。产卵于麦茬、禾本科杂草秆、谷茬及玉米茬组织内。关中地区主要以成虫越冬,翌春2月下旬、3月初开始活动。4月中下旬至5月中旬,小麦拔节期为第一代若虫高峰期。4月中旬成虫始见,成虫产卵于小麦植株下部叶及叶鞘组织内。5月上中旬为盛发期,在小麦上繁殖1代,麦收前迁至杂草及早秋谷类作物苗上危害。夏季可繁殖2~3代,秋播小麦出苗后,又迁到麦田危害。

防治要点 在防治上注意作物布局,避免粟、糜子与冬麦邻作。大发生时可喷撒乐果粉剂。

白翅叶蝉

学名 *Thaia rubiginosa* Kuoh,属半翅目叶蝉科。

分布 黄河流域及其以南地区均有分布。

形态特征 成虫体长2.8~3.3mm,包括翅长3.5~3.6mm;体色橙黄至淡黄褐色。头部同体色,复眼黑色。前胸背板前缘向前突出,后缘向内凹入,后角圆,中央有1个不明显的隆起脊,中域有菱形暗色纹;前翅白色,半透明,端部微暗,翅脉白色,爪片上有粗大刻点,后翅透明;胸部腹面黄色。足黄白色,端爪黑色。腹部背面黑色,腹面淡黄至橙黄色,有时每一腹板中央有1个黑色横斑。卵

成 虫

白色，长卵形，顶端较细，微弯曲。若虫淡黄色，全体散生绿色斑纹，使体带绿色；疏生刺毛，腹背刺毛排成一横列。末龄若虫体长2.5mm左右。

危害状 成虫、若虫刺吸作物叶片、茎秆的汁液，初期出现白色小点，后叶片干枯，影响正产生长发育；并能传播病毒病，导致更大减产。取食水稻、玉米、小麦、甘蔗、茭白等作物及看麦娘、游草、稗草等禾本科杂草。

生活习性 成虫多在上午羽化，活泼、善飞，具趋嫩性，趋光性强；需补充营养，产卵期长，卵产于叶中肋肥厚部分的组织内，散产，每雌产卵量30～60多粒。若虫上午8时孵化最盛；初孵若虫喜潜伏在心叶内危害，小若虫会横爬但不会跳，多数时候栖息于叶背取食。

发生规律 湖南、浙江1年发生3代。以成虫在小麦田、绿肥田、田边、沟边禾本科杂草上越冬。第一代于5月下旬至6月中下旬发生，第二代于7月下旬至8月中下旬或9月上旬发生，第三代于9月下旬至11月发生，以第二至三代危害早稻后期、中稻和双季晚稻，发生数量大，危害重。发育最适温度为25～28℃，相对湿度85%～90%。若虫20℃以下大量死亡；日平均气温超过30℃时，若虫死亡率高，成虫性比降低，寿命缩短，产卵量锐减。

防治要点 同黑尾叶蝉。

大青叶蝉

学名 *Tettigella viridis* (L.)，属半翅目叶蝉科。

别名 大绿浮尘子。

分布 分布于黑龙江、吉林、辽宁、河北、山西、内蒙古、陕西、青海、新疆、河南、江苏、安徽、浙江、福建、台湾、湖北、湖南、四川。

形态特征 成虫体长7.2～10.1mm，青绿色。头部颜面淡褐色，后唇基的侧缘、中间的纵条及每侧一组弯曲的横纹黄色，颊区在近唇基缝处有1个小黑斑，触角窝上方有1个小黑斑；冠部淡黄绿色，前部左右各有一组淡褐色弯曲横纹，与颜面（后唇基）横纹相接，近后缘处有1对不规则的多边形黑斑。前翅绿色，带有青蓝色泽，前缘淡白，端部透明，翅脉青黄色，有窄的淡黑色边；后翅烟黑色，半透明。卵长卵圆形，长约1.6mm，宽约0.4mm。中间微弯曲，表面

成虫

光滑，淡黄色。若虫共5龄。一、二龄体色灰白微带黄绿。三龄后体色黄绿，胸腹部背面出现4条暗褐色纵线。

危害状 因刺破植株表皮，常引起大量失水，植株干枯死亡。食性杂，可取食小麦、水稻、玉米、谷子、糜子等禾本科作物及豆科、十字花科、蔷薇科、杨柳科等39科160多种植物。

生活习性 成虫趋光性强。雌成虫性成熟后20余天产卵，每雌一生产卵50多粒，每次产卵数粒，排列整齐。产卵于寄主茎秆、叶柄、主脉或枝条组织内。第一、二代卵多产于禾本科杂草上，第三代成虫多产于树木上。

发生规律 北方1年发生3代，以卵在木本植物枝条或苗木的表皮下组织内越冬。春季树木萌动时越冬卵孵化，若虫迁到附近的小麦、杂草或蔬菜上危害。各代成虫发生期分别为：第一代5月下旬至6月中旬，盛发期在5月底至6月初。第二代7月上旬至8月中旬，盛发期在7月下旬。第三代7月至9月底，盛发期为8月下旬至9月上旬。第一、二代主要危害麦类、玉米、高粱、谷子等作物及杂草；第三代危害晚秋作物如甘薯、豆类等，这些作物收获后又迁到苜蓿、白菜等蔬菜上危害，10月中下旬飞到禾本科植物上产卵。

防治要点 同黑尾叶蝉。

麦 蛾

学名 *Sitotroga cerealella* (Olivier),属鳞翅目麦蛾科。

分布 全国各地均有分布。

形态特征 成虫体长5~6mm,翅展12~15mm。头、胸及足银白色而微带淡黄褐色。头顶和颜面密布灰褐色鳞毛,下唇须灰褐色,第二节较粗,第三节末端尖细,略向上弯曲,但不超过头顶;触角线状。翅灰白色,有光泽,前翅端部颜色较深,翅后缘毛很长。卵长0.5~0.6mm,初产时乳白色,后变淡红色。老熟幼虫长5~6mm;乳白色。头黄褐色。腹足退化,趾钩只有1~3个。前胸气门前毛片上有3根毛。雄虫第八腹节背面有1对紫色斑。蛹长5~6mm;黄褐色。腹部末端腹面两侧各有1个角状突起,背中央有1个向上的角状刺。

1. 成虫 2. 幼虫

钩刺每侧4个（背腹各2对）。

危害状 幼虫孵化后在籽粒内危害，随收获而入仓，幼虫老熟后多从籽粒顶部咬1个羽化孔，种皮呈透明状。

生活习性 成虫喜阴暗环境，具弱趋光性；每雌平均产卵133粒；雌蛾在田间一般就近选择寄主产卵；初孵幼虫多从籽粒胚部及种皮裂开处入侵，除玉米外，一般1籽1虫。幼虫老熟后多从籽粒顶部咬1个羽化孔，种皮呈透明状。成虫多在早晨羽化，羽化后1d交尾，交尾多在早晨及黄昏，交尾后1～2d开始产卵，每雌产卵量63～124粒。幼虫4龄，可转粒危害。

发生规律 温暖地区1年发生4～6代，寒冷地区1年发生2～3代，炎热地区或仓库内可增加到12代。以老熟幼虫在粮粒中越冬。陕西关中地区越冬幼虫于4月中旬化蛹，4月下旬至5月上旬羽化为成虫，部分成虫在仓内产卵繁殖，部分飞到田间在大、小麦穗缝隙间产卵。幼虫孵化后在籽粒内危害，随收获而入仓，在仓内繁殖2～3代后，8、9月又有部分成虫飞往田间，产卵于稻谷或玉米穗部，又随收获而带回。

防治要点 （1）小麦入仓前暴晒，减少入仓小麦所带虫量。（2）科学保管，避免小麦储藏期间大量感虫。（3）仓内用药剂熏蒸。

麦茎谷蛾

学名 *Ochsencheimeria taurella* Schrank，属鳞翅目谷蛾科。

分布 分布于辽宁、河北、山西、陕西、甘肃、山东、江苏。

形态特征 成虫体长雌7.7~7.9mm，雄5.9~6.6mm。头顶被松散的长鳞毛，鳞毛基部淡褐黄色，端部黑褐色；复眼黑色，其后缘及下侧具长短不一的细长鳞毛；触角线状，淡褐色，基部有长鳞毛，从基部约13节具淡灰黄色圈；胸部及腹部淡灰褐色，前翅褐色夹杂黑色；胸部背面及前翅具粗鳞片，鳞片淡黄褐色，端部黑褐色，顶端淡黄褐色；后翅淡褐黄色，稍宽于前翅，外缘及后缘具长缘毛。卵长椭圆形，长约1mm，乳白色。老熟幼虫体长10.5~15.2mm，淡黄白色，体细长。中胸至腹部第八节，每节侧面近前方有1个黑褐色近圆形斑。第九腹节背面中部微偏后方横列4个黑褐色圆形小斑。臀板褐色。胸足淡褐色，腹足同体色，趾钩简单，每足只有3个。蛹长约7.5mm。头背面中央有1个角状突起。前胸背面有1个横脊。腹部末节两侧面有角状突起伸向外方，体背面两角状突起间有4个小突起。

危害状　幼虫危害小麦心叶，苗期受害心叶抽出有缺刻，但不形成枯心苗；拔节期受害后，轻者心叶扭曲、卷缩，重者枯心；穗期幼虫在穗节危害，先从穗节基部咬一小孔蛀入，由下向上取食髓部造成白穗。幼虫除危害小麦外，亦危害大麦。靠近村庄的地块及抽穗早的地块发生严重。

生活习性　幼虫老熟后在穗节2/3处咬一小孔钻出，在旗叶叶鞘内做一筒形白色丝茧化蛹。

发生规律　1年发生1代。以低龄幼虫在小麦心叶内越冬，翌春小麦返青后开始危害。据在陕西永寿观察，5月上中旬幼虫老熟，5月中下旬化蛹，蛹期20～27d。成虫6月中旬羽化，并以成虫在屋檐、墙缝或老树皮内越夏，秋季小麦出苗后，成虫飞往麦田在麦苗上产卵。幼虫孵化后稍加危害即在心叶内越冬。

防治要点　一般发生很轻，不需专门防治，结合防治其他害虫予以兼治。

1.成虫　2.卵　3.幼虫
4.蛹　5.茧　6.小麦被害状

草 地 螟

学名 *Loxostege sticticalis* (L.)，属鳞翅目螟蛾科。

别名 黄绿条螟、网锥额野螟。

分布 分布于黑龙江、吉林、河北、山西、内蒙古、陕西、宁夏、甘肃、青海、江苏。

形态特征 成虫体长9～18mm，翅展22～26mm，暗褐色。前翅色较深，中室端部有1个黄白色近方形斑，缘线较宽，土黄色，前缘近顶角处有1个淡土黄色小斑；后翅色淡，外缘有1个淡黄白色线。卵椭圆形，乳白色，长约1mm，直径约0.5mm。老熟幼虫体长约22mm，体灰绿色。前胸盾暗褐色，有3条淡色纵线。体背线为1条宽暗色纵带，两侧有1条淡黄绿色纵线，气门下线黄绿色。蛹长约15mm，淡黄褐色。腹部末端有片状臀棘，上生8根褐色弯细刺。

危害状 取食叶肉，残留表皮，呈网状。幼虫食性杂，危害的植物有苜蓿、绿豆、红豆、谷子、糜子、甜菜、甘薯、马铃薯、烟草、荞麦、瓜类、蓖麻等作物和菊科、苋科、十字花科等多种杂草以及榆、枣等树木。

生活习性 一至二龄幼虫有吐丝下垂的习

性，三龄开始结网，一般3～4头幼虫结1个网，四龄末至五龄常单独结网分散危害。幼虫老熟后，钻入土层4～9cm处做袋状茧，竖立于土中，在茧内化蛹。幼虫活泼，受惊即扭动逃离。成虫白天潜伏在草丛及作物田内，受惊动时可近距离飞移。具群集性和强烈的趋光性。需要补充营养，多选择夏至草、白花荠菜、丁香、洋槐等为蜜源植物。特别喜在嫩绿多汁液、耐盐碱的杂草上产卵。多产在藜科、锦葵科、茄科、菊科杂草及作物的叶片背面距地面8cm处。卵单产或3～5粒呈覆瓦状排列。单雌产卵数十粒至百余粒，多者达800余粒。

发生规律 陕西关中地区1年发生3代。以幼虫在土内做茧越冬。越冬代成虫于4月中旬开始出现，第一代成虫6月中旬发生。陕北地区越冬代成虫5月上中旬始见。第一代幼虫于6月危害小麦，三龄后食量大增。此代幼虫一般发生量少，危害不重。但第三代幼虫近年常大发生，可造成灾害。

防治要点 （1）集中越冬区秋翻土壤，春耕、耙糖及冬灌等可明显压低越冬虫源基数，减轻第一代幼虫发生量。（2）成虫产卵前及时清除杂草（特别是藜科杂草），可有效地减少田间虫口密度。（3）在受害严重的田块周围挖沟或喷洒药带，以封锁有虫地块，阻止幼虫迁移危害。（4）幼虫三龄前喷药防治，可选用

2.5%溴氰菊酯乳油、20%杀灭菊酯乳油、20%除虫菊酯乳油等2 000～3 000倍液,50%辛硫磷乳油、80%敌敌畏乳油等1 000～1 500倍液。也可选用2.5%敌百虫粉等,22.5kg/hm² 喷粉。

1.成虫 2.卵 3.幼虫 4.蛹

小地老虎

学名 *Agrotis ypsilon* (Rottemberg),属鳞翅目夜蛾科。

分布 全国各地均有发生。

形态特征 成虫体长18～23mm,翅展44～50mm。头部及胸部褐色至灰黑色。前翅棕褐色,前缘区色较深,基线浅褐色,黑色波浪形内横线双线,剑纹小,具暗褐色黑边;环纹小,扁圆形,具黑边;肾纹黑边,外侧中部有1个楔形黑纹伸出至外线;中线黑褐色,波浪形,外线双线黑色锯齿形,齿尖在各脉上为黑点;亚缘线色浅,锯齿形,内侧4～6脉间有2个黑色楔纹内伸至外线,外侧为2个黑点,缘线为1列黑点。后翅白色,前缘、顶角及缘线褐色。雄触角羽状,雌触角线状。卵扁圆形,顶部稍隆起,底部较平;高0.5mm左右,直径0.65～0.70mm,棕褐色。老熟幼虫体长43mm左右,体圆筒形。头部褐色,具黑褐色网状纹;体表粗糙,满布大小不等彼此分离的微隆起颗粒;前胸盾片暗褐色;臀板黄褐色,其上有两条深褐色纵带。蛹长20～24mm,宽6.5～7.0mm;黄褐至暗褐色。腹部末端着生较短的黑褐色粗刺1对,基部分开。

危害状 孵化后先食卵壳，然后爬至杂草或作物幼苗心叶上剥食叶肉，二龄食成孔洞，三龄咬食叶片成缺刻或食去生长点，四至六龄昼伏夜出，将幼苗齐地咬断、蚕食，清晨则连茎带叶拖入穴中继续取食，五、六龄为暴食期。

生活习性 成虫昼伏夜出，具强趋光性和趋化性。一般交配1～2次，少数3～4次。交配后第2天即产卵。卵主要产在土块及地面缝隙内，此外还有土面的枯草茎或须根、草秆中。卵散产或数粒产在一起，单雌产卵量1000余粒，多的可达2000粒以上。幼虫共6龄，少数7～8龄。孵化后先食卵壳，然后爬至杂草或作物幼苗心叶上剥食叶肉，二龄食成孔洞，三龄咬食叶片成缺刻或食去生长点，一至三龄昼夜活动取食，四至六龄昼伏夜出，白天潜伏于土中，夜间活动危害，将幼苗齐地咬断、蚕食，清晨则连茎带叶拖入穴中继续取食，五、六龄为暴食期，食量占总食量的90%以上。耐饥力较强，三龄以前耐饥力为3～4d，三龄以后可达15d。在缺乏食物或种群密度过大时，个体间常自相残杀。对泡桐叶有一定趋性，但幼虫取食后对生长发育不利。幼虫老熟后，常选择比较干燥的土壤筑土室化蛹。

发生规律 小地老虎是1种迁飞性害虫。在南岭以南，1月平均气温高于8℃的地区，终年繁殖危害；南岭以北，北纬33°以南地区，有少量幼虫和蛹越冬；在北纬33°以北，1月平均温度0℃以下地区，不能越冬。陕南、关中1年发生3～4代，陕北1年发生2～3代，越冬代成虫出现期陕南稍早于关中，关中又稍早于陕北（陕南最早于2月下旬初始见成虫，一般3月上旬出现。关中最早2月底始见，一般3月上旬出现。陕北最早3月上旬末始见，一般3月中旬出现）。关中地区越冬代成虫3、4月产卵于刺蓟、旋花等杂草、作物枯枝或土块上。第一代幼虫于4、5月危害豌豆、油菜、杂草、棉苗等。有时对棉苗严重危害，造成缺苗断垄。陕南地区第一代幼虫危害苜子、玉米等；陕北地区第一代幼虫危害春小麦、高粱、马铃薯等。各地以第一代发生量大，危害重。

防治要点 （1）除草灭虫。春播前进行春耕、细耙等整地工作，可消灭部分卵和早春的杂草寄主。（2）诱杀成虫。利用黑光灯、糖醋液、杨树枝把或性诱剂等在成虫发生期均可进行诱杀。（3）捕杀幼虫。对高龄幼虫，可在清晨扒开被害株的周围或畦边、田埂阳坡表土，进行捕杀，也可用新鲜泡桐叶诱集捕杀。（4）药剂防治。当虫口密度达到防治指标时，及时用药防治。常用药剂和使用方法主要有：用75%辛硫磷乳油、50%敌敌畏乳油、20%除虫菊酯乳油等分别以1∶300、1∶1 000、1∶2 000、1∶2 000的比例，拌成毒土或毒沙，300～375kg/hm^2

撒施；用4％甲敌粉，22.5～37.5kg/hm² 喷粉；用48％乐斯本乳油、50％辛硫磷乳油等1 500倍液，2.5％溴氰菊酯3 000倍液等喷雾；将谷子、麦麸、豆饼糁或谷糠炒香，用90％敌百虫晶体，按饵料的1％药量和10％水稀释后拌入制成毒饵，于傍晚顺垄撒于地面，用量60～75kg/hm²。

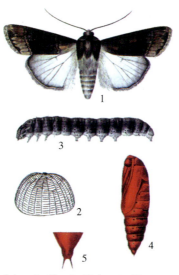

1. 成虫　2. 卵　3. 幼虫　4. 蛹　5. 臀棘

黄地老虎

学名 *Euxoa segetum* Schiffermuller，属鳞翅目夜蛾科。

分布 分布于黑龙江、吉林、辽宁、内蒙古、河北、陕西、甘肃、宁夏、新疆、河南、江苏、浙江、江西、台湾、湖北、湖南、四川。

形态特征 成虫体长13～19mm，翅展30～43mm；全体淡土黄色。前翅褐黄色，基线、内线均双线，褐色。剑纹小，具黑褐边。环纹黑边，中央有1个黑褐点，肾纹棕褐色，黑边，中线褐色，后半不明显，波浪形。外形褐色锯齿形，亚缘线褐色，缘线为1列近三角形小黑点。后翅白色，半透明，翅脉褐色，外缘色暗。雌蛾触角线状。卵扁圆形，顶部较隆起，底部较平；高0.44～0.49mm，直径0.69～0.73mm；黄褐色。老熟幼虫体长约37mm。头部褐色，具黑褐色不规则花纹。体黄褐色，具皱纹及颗粒。前胸盾片褐黄色；臀板暗褐色，中间有一淡纵纹，将臀板分为两块。蛹红褐色，体形中等，长约15～20mm，宽6～7mm。腹部末端着生粗刺1对。

危害状 初孵幼虫取食作物幼苗心叶剥食叶肉，二龄食成孔洞，三龄咬食叶片成缺刻或食去生长点,四至六龄昼伏夜出,暴食危害,严重影响作物正常生长发育。

生活习性 成虫对黑光灯有一定的趋性,但对白炽灯趋性很弱。趋化性弱,对糖醋酒液无明显趋性,却喜食洋葱花蜜作为补充营养。卵散产在干草棒、须根、土块以及芝麻、苘麻及杂草的叶片背面。幼虫食性杂,主要危害油菜、小麦、玉米、棉花。

发生规律 关中1年发生4代。以幼虫在小麦、油菜、豌豆、苜蓿等田间作物根部或杂

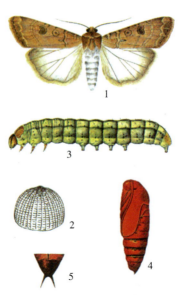

1.成虫 2.卵 3.幼虫 4.蛹 5.臀棘

草根际越冬，翌春3月继续取食危害，4月上旬幼虫老熟，入土做土茧化蛹。成虫一般4月中旬开始出现，发生期40d左右，5月下旬终见。第二代幼虫发生量较少，第二代成虫发生于6月上旬至7月中旬；第三代发生于8月上旬至下旬初；第四代发生于9月下旬至10月下旬。以第一代幼虫危害最重。渭北、陕北麦田发生较多，关中灌区发生量少，陕南少见。

防治要点　基本同小地老虎。

棉 铃 虫

学名 *Heliocoverpa armigera* (Hübner),属鳞翅目夜蛾科。

别名 棉铃实夜蛾。

分布 全国各地均有分布。

形态特征 成虫体长14～18mm,翅展30～38mm。体及前翅同色,雌蛾灰褐色或红褐色,雄蛾灰绿色。前翅基线双线不明显,

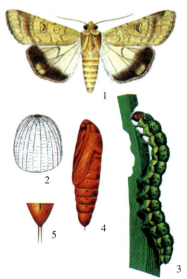

1.成虫 2.卵 3.幼虫 4.蛹 5.臀棘

内线双线褐色，锯齿形；环纹褐边，内有褐点；肾纹褐色，内有1个深褐色肾形斑；中线褐色，微呈波浪形；外线双线褐色，亚缘线褐色，均锯齿形。后翅色浅，黄白色或淡褐黄色，端区暗褐色或黑色，中脉和肘脉在近翅缘处有1个淡褐色黄色横形斑。月形斑明显。卵初产时乳白色，孵化前褐色；半球形，高0.51～0.55mm，直径0.44～0.48mm。老熟幼虫体长32～42mm。体色多变，大致可分为4个类型：①体淡红色，背线、亚背线淡褐色，气门线白色，毛突黑色。②体黄白色，背线、亚背线绿色，气门线白色，毛突黄白色。③体淡绿色，背线、亚背线淡绿色，但不甚明显，气门线白色，毛突绿色。④体绿色，背线、亚背线深绿色，气门线淡黄色。背线一般有2或4条，气门上线可分为不连续的3～4条。体表布满褐色及灰色小刺，体背具尖塔形小刺。蛹黄褐色，长17～21mm。腹部五至七节背面与腹面前缘有7～8排较稀而大的半圈形刻点，第四节背面有较稀刻点，腹部末端钝圆，着生1对长刺。

危害状 初孵化幼虫先吃掉大部分或全部卵壳后，大多数移到心叶和叶背栖息。除危害小麦、棉花、玉米外，寄主植物还有番茄、茄子、芋草、大麻、向日葵、甘薯、辣椒等。

生活习性 成虫白天隐蔽静伏，活动、觅食、交尾、产卵多在黄昏和夜间进行。具强趋光性和趋化性。二至三年生的杨树枝对成蛾的诱集能力很强，同时，具有趋向蜜源植物吸食花蜜作为补充营养的习性。成虫羽化后当晚即可交配，2～3d后开始产卵，单雌产卵量1000粒左右，最多可达3000多粒，散产。初孵化幼虫先吃掉大部分或全部卵壳后，大多数移到心叶和叶背栖息。老熟幼虫在入土化蛹前数小时即停止取食，寻找较为疏松干燥的土壤钻入化蛹。

发生规律 棉铃虫在我国各地因气候条件的差异，年发生世代数各不相同。在北纬40°以北的辽河流域棉区和新疆大部棉区，每年发生3代；北纬32°～40°的黄河流域棉区和部分长江流域棉区，每年发生4代；北纬25°～32°的长江流域棉区，每年发生5代；北纬25°以南地区，每年可发生6～7代。各地一般均以蛹在土中越冬。陕西关中地区1年发生4代。末代幼虫老熟后在危害作物田入土化蛹越冬，主要在棉田及玉米田越冬，菜地、杂草地亦有部分越冬蛹。翌年4月中下旬开始羽化。雌虫在小麦、豌豆、苜蓿等作物上产卵。第一代幼虫孵化后危害豌豆、小麦和苜蓿。由于小麦种植面积大，所以麦田发生数量多，可作为预测棉田发生量的基数。第二、三代幼虫分别发生于6月中旬至7月及7～8月，主要危害棉花蕾铃。第四代幼虫发生于8月下旬至9月，部分危害棉花，部分危害玉米穗轴或高粱穗部。以二、三代幼虫危害棉花最重。

防治要点　麦田棉铃虫的防治以兼治为主，可采取（1）深翻冬灌，减少虫源。（2）灯光诱杀。（3）保护利用自然天敌。（4）结合麦田防治小麦吸浆虫和穗蚜，喷药兼治小麦田棉铃虫。

黏 虫

学名 *Leucania separata* Walker，属鳞翅目夜蛾科。

别名 粟夜盗虫、行军虫、剃枝虫、五色虫、麦蚕等。

分布 除新疆、西藏外全国各地均有发生。

形态特征 成虫体长16～18mm，翅展36～40mm。头部及胸部灰褐色，腹部暗褐色，前翅淡黄褐色或黄色微带红色，变化较大，翅面具黑色细点，尤其在肾纹、环纹之间及亚缘线外方黑点较密，环纹、肾纹褐色，肾纹后端有1个白点，其两侧各有1个黑点，从顶角到翅后缘约1/3处有1条暗色斜纹，外缘有7个小黑点；后翅褐色，端区黑褐色。卵顶端隆起，底部平；棕黄色。高0.48～0.51mm，直径0.53～0.58mm。幼虫体色常因食性环境而变，呈褐色、黄褐色、绿色等。前胸盾片黑褐色，有3条纵线。蛹长17mm左右，宽5mm左右。背面红褐色，腹面黄褐色。腹部末端着生钩形刺3对，中间1对粗而长，背面中央及两侧的2对细而短。

危害状 三龄后幼虫进入暴食期，食量大增，吃叶成缺刻。在大发生时，不仅可把麦叶吃光,还能咬断穗头,而后成批转移危害,造成减产。

生活习性 成虫白天潜伏在柴草堆垛及麦、稻丛间等隐蔽环境中,傍晚及夜间出来活动,进行交尾、取食和产卵等。但在阴天或饥饿状况下,白天也有飞出觅食的现象。对糖酒醋混合液的趋性很强。对普通灯光的趋性不强,但对黑光灯有较强的趋性。单雌产卵1 000~2 000余粒,最多可产3 000粒。卵块产,每块卵粒数不等,多的可达200~300粒。在我国每年有4次大的迁飞活动,春、夏季多从低纬度向高纬度地区,或从低海拔向高海拔地区迁飞危害;秋季回迁时,又从高纬度向低纬度,或从高海拔向低海拔地区迁飞危害。

初孵幼虫先取食卵壳,群集在原处不动,经一定时间便开始分散。一、二龄幼虫取食叶肉,形成麻布眼状小条斑(不咬穿下表皮),三龄以后将叶缘咬成缺刻,此时有假死和潜入土中的习性。一、二龄幼虫受惊即吐丝下垂,三龄以上幼虫被惊动时,立即卷曲落地。大发生时,四龄以上幼虫有群集迁移习性,故名"行军虫"。六龄幼虫老熟后,钻到作物根际深约1~2cm的松土中结茧化蛹。

发生规律 黏虫在生长发育过程中无滞育现象,条件适合时终年可以繁殖。因此在我国各地发生的世代数因地区纬度而异,纬度愈

高,发生世代数愈少。在我国东半部地区的发生概况大体上可以划分为5种类型:

2~3代区 北纬39°以北,包括东北、内蒙古东南部、河北东北部、山东东部、山西中北部及北京等地区。主害世代为第二代,有时第三代也重。危害盛期分别在6月中旬至7月上旬和7~8月,危害作物包括小麦、谷子、玉米、高粱、水稻等,尚未发现越冬虫态。

3~4代区 北纬36°~39°间,包括山东西北部、河北中西南部、山西东部、河南东北部、天津。主害世代为第三代。危害盛期在7~8月,危害作物包括谷子、玉米、水稻等。尚未发现越冬虫态。

4~5代区 北纬33°~36°间,包括江苏、上海、安徽、河南中南部、山东南部、湖北北部。主害世代为第一代(个别年份为第三代)。危害盛期在4~5月(7~8月),危害作物包括小麦、谷子、水稻、玉米、高粱。漯河、荆州有个别越冬蛹(或残虫),一般查不到越冬虫态。

5~6代区 北纬27°~33°间,包括湖北中南部、湖南、江西、浙江、福建北部、江苏和安徽南部。主害世代为第五代;其次为第一代。危害盛期在9~10月和3~4月,危害作物包括晚稻、早稻、小麦。1月3~8℃等温线间无冬眠,0~3℃间,以幼虫、蛹在稻草堆下、根茬、田埂草地越冬。

6～8代区 北纬27°以南,包括广东和广西东南西部、福建东南部、海南及台湾等地区。主害世代为越冬代、第一代、第五代(或第六代)。危害盛期在1～2月、3～4月和9～10月,危害作物包括小麦、玉米、晚稻。无越冬现象。

防治要点 (1)黑光灯诱杀成虫。(2)杨树枝把诱蛾灭卵。(3)幼虫发生期及时喷药防治。

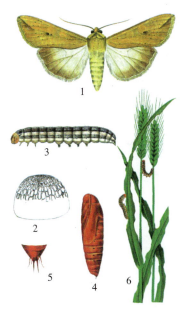

1.成虫 2.卵 3.幼虫
4.蛹 5.臀棘 6.危害状

沙 潜

学名 *Opatrum subaratum* Faldermann，属鞘翅目步甲科。

别名 网目拟地甲。

分布 分布于吉林、辽宁、河北、山西、内蒙古、陕西、宁夏、甘肃、青海、新疆、山东、安徽、江西、台湾。

形态特征 成虫体长6.4～8.7mm，体宽3.3～4.8mm；略呈椭圆形。体色黑中微带褐，无光泽，体上常带泥土。触角近念珠状，11节。

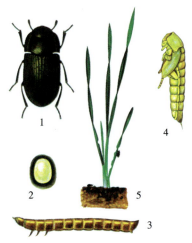

1.成虫 2.卵 3.幼虫 4.蛹 5.危害状

前胸背板两侧弧形,宽约为长的2倍,中央密布刻点。鞘翅上有7条纵线,每纵线两侧有5～8个疣状突,有光泽,初看如网状。足胫节具2个短刺突。卵椭圆形,初产时乳白色,渐变淡黄色,表面光滑;大小为1.15mm×0.75mm。老熟幼虫体长15.0～18.3mm,暗灰黄色,12节,背板淡灰褐色。臀板前端稍隆起,形成1个横沟,并有2个褐色钩纹,两侧稍偏内方各具刚毛4根,中央脊起的末端有刚毛4根,每2根1对,各稍偏于一侧。裸蛹长6mm左右,初化的蛹乳黄色,后渐呈深黄褐色,腹部末端有2个刺,略呈八字形。

危害状 幼虫危害植物嫩茎、嫩根,影响出苗。除危害麦类、玉米、高粱、谷子、糜子、陆稻等禾谷类作物外,还有薯类、豆类、瓜类、菜类。

生活习性 成虫寿命长最长达700余天,喜取食萌发的种子和幼苗。卵散产,常产卵于寄主植物根附近的表土层。

发生规律 1年发生1代。以成虫在表土层或钻入土下15～30cm疏松土层内越冬,也可在田间地埂遗留的秸秆、残株、落叶下及建筑物的缝隙碎石、瓦砾下越冬。关中地区,越冬成虫2月中旬以后开始活动,3月大量出土,4月下旬产卵于土中,卵期约15d,5月幼虫发生,6月幼虫老熟,在土内做土茧化蛹。沙潜在较干旱地区发生重，在陕西，陕北、渭北发生程度重于关中，关中重于陕南。尤以陕北丘陵沟壑区幼虫危害谷子、糜子苗较重。

防治要点 （1）精耕细作，清除杂草，减轻危害。（2）种子处理。结合防治其他地下害虫，播种时进行种子处理。（3）土壤处理。

蒙古土潜

学名 *Gonocephalum reticulatum* Motschulsky,属鞘翅目拟步甲科。

别名 蒙古拟地甲。

分布 分布于黑龙江、辽宁、河北、山西、内蒙古、陕西、宁夏、甘肃、青海、山东、江苏。

形态特征 成虫体长5～6mm;暗土褐色,无光泽。触角念珠状,第三节长约为第二节的1.5倍,端部4节逐渐膨大,呈棍棒状。前胸前缘向后凹入,两侧缘显著向外突出,在前角呈三角形包围头部,后缘向后突出呈波纹状。

成 虫

头、胸、鞘翅背面有粗糙刻点。前足胫节外缘锯齿状,末端最宽。幼虫体长12～15mm,灰黄色。前足较中、后足发达。腹部末节较小,背板中央有下陷纵沟1条,两侧各有褐色刚毛4根。蛹长约7mm,乳白色,腹部末端有2个刺状突起。

危害状 秋季危害秋苗,引起受害苗枯死。

生活习性 成虫具伪死性,趋光源,可利用黑光灯进行监测和防治。

发生规律 1年发生1代。以成虫在土中及田埂枯草下越冬,来年早春活动,食害小麦幼苗。幼虫5月出现,老熟后在6～13cm深处土内化蛹,6月为化蛹期。羽化后在寄主植物根际越夏,秋季危害秋苗,以后陆续潜伏于杂草等根际越冬。

防治要点 同沙潜,除此之外,也可利用黑光灯诱杀。

沟金针虫

学名 *Pleonomus canaliculatus* Faldermann，属鞘翅目叩甲科。

别名 铜丝虫、钢丝虫、节节虫等，成虫叫沟叩头虫。

分布 分布于北京、天津、河北、山西、内蒙古、陕西、甘肃、青海、河南、山东、江苏、浙江、安徽、湖北、福建、贵州。

形态特征 雄成虫体长14～18mm，宽约3.5mm；雌虫体长16～17mm，宽约4.5mm。雌虫体扁平，浓栗色，身体及鞘翅均密被金黄色细毛。触角17节，微呈锯齿形。前胸发达，背板呈半球状隆起，前窄后宽，密布刻点，在正中部有极细小的纵沟。后翅退化。鞘翅约为前胸长的4倍。雄虫体细长。触角12节，丝状，长达鞘翅末端。鞘翅约为前胸长的5倍。卵乳白色，近椭圆形，长约0.7mm，宽约0.6mm。老熟幼虫体长20～30mm，最宽处约4mm；褐黄色，有光泽。胸、腹部背面中央有1条纵沟。尾节深褐色，背面有略近圆形的凹陷，密布较粗刻点，两侧缘隆起，每侧锯齿状突起3个，尾端分叉，分叉稍向上弯曲，叉内侧各有1个小齿。蛹黄白色，长纺锤形。前胸背板前缘着生2根刺毛，后缘角处各具1根刺毛。腹部末端有2个角状突起，向外弯曲，尖端具黑褐色细刺。

危害状 危害麦苗时，常从地下茎部钻入，咬食内部组织，使麦苗枯黄而死。此外，在土壤中食害刚发芽的种子，咬断刚出苗的幼苗，造成缺苗断垄。除小麦外，还危害玉米、谷子、高粱、薯类、豆类、甜菜等，不喜食棉花、油菜及芝麻。

生活习性 幼虫不耐潮湿，多发生在旱原平地、渭北旱原和土壤比较疏松、有机质缺乏的旱地。成虫白天潜伏麦田土表，夜间交配产卵，但不取食。雄虫有趋光性，雌虫无后翅，只在地表或麦苗上爬行，

发生规律 2～3年完成1代，幼虫、成虫均可越冬。越冬成虫于2月下旬至3月上旬，10cm深处土温8℃左右时开始上升活动，3月中旬至4月上旬，10cm土温达10～15℃时，活动最盛。卵产于麦根附近3～7cm深的表土层内。5月上旬为卵孵化盛期。幼虫危害到6月底至7月初，当10cm深处土温达28℃左右时，钻入土壤深处越夏，9月中下旬至10月上旬，10cm深处土温降至18℃左右时，又上升到土壤表层危害；11月下旬土温下降，幼虫亦下潜到深层越冬；翌春2～3月间，10cm深处土温平均达6.7℃时，越冬幼虫开始上升危害；

3~4月土温达15~20℃时,严重危害返青后的麦苗,土温高于24℃时,向下潜伏,8月下旬至9月中旬,幼虫老熟,在深15~20cm土层做土室化蛹。蛹于9月中下旬羽化,成虫当年不出土,仍在土室中栖息,来年春季才出土活动,交配产卵。小麦—夏玉米—小麦茬发生量大,危害重。

防治要点 (1)合理轮作,避免禾谷类作物连作。(2)采用黑灯光诱杀雄虫。(3)土壤处理,结合翻耕整地,用50%辛硫磷乳油每667m² 75mL拌细土2~3kg撒施,施药后浅锄;或用90%敌百虫800倍液浇灌植株周围土壤进行防治。(4)药剂拌种。小麦播种时选用40%甲基异柳磷乳油或50%辛硫磷乳油,按照种子量的0.2%用药量拌种,效果很好。

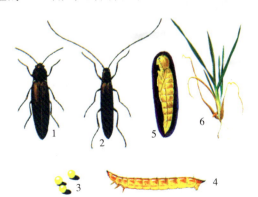

1.雌成虫 2.雄成虫 3.卵
4.幼虫 5.蛹 6.危害状

细胸金针虫

学名 *Agriotes fuscicollis* Miwa,属鞘翅目叩甲科。

别名 铜丝虫、钢丝虫、节节虫等,成虫叫细胸叩头虫。

分布 分布于黑龙江、吉林、辽宁、北京、河北、山西、内蒙古、陕西、宁夏、甘肃、青海、河南、山东、湖北。

形态特征 成虫体长8~9mm,宽约2.5mm,暗褐色。密生浅色细毛,并有光泽,头部密布

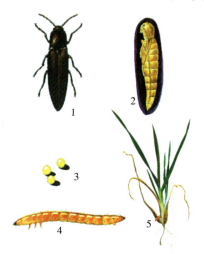

1.成虫 2.蛹 3.卵 4.幼虫 5.危害状

刻点；复眼黑色；触角黄褐色，第四节起呈锯齿状。前胸背板微隆起，略呈圆形，前、后缘约等宽，后缘角端钝。鞘翅上各有9条纵列刻点。足与触角同色。卵近球形，乳白色。长0.5～0.6mm，宽0.4～0.5mm；平均长0.54mm，宽0.48mm。幼虫体细长，圆筒形，淡黄色；老熟幼虫体长18～20mm，尾节圆锥状，背面近前缘两侧各有1个褐色圆斑，并有4条褐色纵纹。

危害状 主要危害小麦、玉米幼苗根部；成虫夜间活动，取食少量麦叶。

生活习性 成虫夜间活动，具弱趋光性；产卵于深2.0～3.5cm表土层，散产，少有数粒黏在一起。幼虫喜生活于潮湿黏重的土壤中。

发生规律 北方地区2年完成1代，幼虫和成虫均可越冬。越冬幼虫于2月中旬，当10cm深处土温达4.8℃，旬平均气温达3.9℃时上迁活动，3月上旬、中旬危害返青后的麦苗。6月以后，随气温的升高移到深20cm土层内。6月下旬至9月中旬为化蛹期，8月中旬为化蛹盛期，9月成虫羽化，潜伏越冬。越冬成虫于3月中下旬出土活动至6月中旬；产卵期自4月下旬至6月中旬，5月下旬至7月上旬为卵孵化盛期。

防治要点 同沟金针虫。

褐纹金针虫

学名 *Melanotus caudex* Lewis,属鞘翅目叩甲科。

别名 铜丝虫、钢丝虫、节节虫等,成虫叫褐纹叩头虫。

分布 全国各地均有分布。

形态特征 成虫体细长,长约9mm,宽约2.7mm;体褐色,被浅色短毛。头部凸形黑色,密生较粗的刻点,唇基分裂。前胸黑色,分布

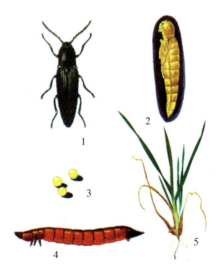

1.成虫 2.蛹 3.卵 4.幼虫 5.危害状

较小刻点，鞘翅约为头胸长的2.5倍，各有9条纵列刻点，足暗褐色。初产卵椭圆形，白色微黄，卵壳外附有能黏结细土粒的分泌物。将孵化时变为卵圆形，一端略尖。老熟幼虫体长约25mm，宽约1.7mm；体细长圆筒形，茶褐色有光泽，腹部第二至十一节前缘两侧具深褐色新月形斑纹；尾节扁平而长，尖端有3个小突起，中间的突起尖锐呈红褐色；尾节前缘有两个半月形斑，靠前部有4条纵线，后半部有褐纹，并密布粗大而较深的刻点。

危害状 幼虫危害幼苗根部，严重时造成缺苗断垄。

生活习性 成虫白天多在小麦植株上部叶片或麦穗上活动，夜间大都潜入10cm深土层内；7时开始出土至20时均有活动，以14～16时活动最盛；温度18～27℃、相对湿度63%～90%时，最为活跃；具伪死性，喜湿润。雌虫产卵于10cm深土层内，散产。

发生规律 约3年完成1个世代，成幼虫均可越冬。春季3月下旬10cm深处土温达5.8℃左右时，越冬幼虫上升活动，4月上中旬大部分幼虫在耕层食害小麦根茎部。夏季6～8月，老龄幼虫多潜入20cm深土层以下，仅小龄幼虫在耕层活动，秋季9、10月，幼虫又活动在耕层，危害秋播麦苗至10月下旬。10月下旬或11月上旬当10cm深处土温平均在8℃左右时,幼虫开始下潜越冬,越冬深度多在40cm土层,最深达60~70cm。喜欢土壤较湿润疏松、中性至微碱性、有机质含量较多的区域。土壤黏重、有机质少、干燥的地块发生很少。不同茬口幼虫发生量有明显差别,以小麦茬虫量最大,其次为马铃薯、玉米、甜菜茬;同一茬口,则以地势平坦的塬地虫量最多,沟坡地虫量少。

防治要点 同沟金针虫。

华北大黑鳃金龟

学名 *Holotrichia oblita* Faldermann，属鞘翅目鳃金龟科。

分布 分布于北京、河北、山西、内蒙古、吉林、辽宁、陕西、甘肃、河南、山东、江苏、安徽、湖北、浙江、江西、四川。

形态特征 成虫体长16.5～22.5mm，宽9.4～11.2mm；黑色，有光泽。头部小，密生刻点；触角10节红褐色。鞘翅上各有3条不明显纵肋，肩明显，鞘翅会合处缝肋明显。外侧缘具边檐，前足胫节具外齿3个，内方矩1个与中齿相对。腹部光亮，腹面有黄色绒毛。幼虫中大型，长37～45mm。头部前顶刚毛各3根成一纵列；肛腹片无尖刺列，只散生钩状刚毛群，其前端呈双峰状，后端中间部分的刚毛紧挨肛门孔纵裂缝，两侧具明显的横向小椭圆形无毛裸区。

危害状 幼虫危害小麦根茎，造成缺苗断垄。

生活习性 成虫于傍晚出土活动，20～21时活动最盛，22时以后逐渐减少。趋光性弱。具假死性，受震动或惊扰即假死坠地。飞翔力弱，活动范围以虫源地为主，主要集中在田边、沟边或地头等非耕地，因此虫量分布相对集中，常在局部地区形成连年危害的老虫窝。喜食腊条、杨树、大豆、花生、甘薯等树木和作物的叶片。单雌产卵32～188粒，平均102粒，散产于土下6～15cm处，每次产卵3～5粒，多者10余粒，相互靠近，在田间呈核心分布。

发生规律 华南地区1年1代，以成虫在土中越冬；其他地区均是2年1代，成虫、幼虫均可越冬，但存在局部世代现象，即部分个体1年可以完成1代。在2年1代区，春季10cm土温达14～15℃时越冬成虫开始出土，10cm土温达17℃以上时成虫盛发。5月中下旬日均温21.7℃时田间始见卵，6月上旬至7月上旬日均温24.3～27.0℃时为产卵盛期，末期在9月下旬。6月上中旬卵开始孵化，卵孵化盛期在6月下旬至8月中旬。幼虫除极少部分当年化蛹羽化完成1代外，大部分秋季土温低于10℃时，即向深土层移动，5℃以下时全部进入越冬状态。翌年春季10cm土温上升到5℃时越冬幼虫开始活动，13～18℃是其最适活动温度，6月初开始化蛹，6月下旬进入化蛹盛期，化蛹深度在20cm左右，蛹期约20d左右，7月开始羽化，7月下旬至8月中旬为成虫羽化盛期。羽化成虫即在土中潜伏越冬。

幼虫有3个龄期，全部在土壤中度过，随一年四季土壤温度变化而上下潜移。以三龄幼虫历期最长，危害最重。大黑鳃金龟种群的越冬虫态既有成虫又有幼虫,以幼虫越冬为主的年份,次年春季麦田和春播作物受害重,而夏秋作物受害轻;以成虫越冬为主的年份,次年春季作物受害轻,夏秋受害重。对某一种作物而言,出现隔年严重危害的现象,群众谓之"大小年",这种现象在辽宁、河北等地非常明显。

防治要点 (1) 实行水、旱轮作,精耕细作,跟犁拾虫等。(2) 药剂处理土壤。用50%辛硫磷乳油每667m² 200~250g,加水10倍喷于25~30kg细土上拌匀制成毒土,顺垄条施,随即浅锄。(3) 药剂拌种。用50%辛硫磷、20%甲基异柳磷与水和种子按1:30:400~500的比例拌种。

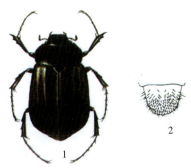

1.成虫　2.幼虫臀板腹面

暗黑鳃金龟

学名 *Holotrichia parallela* Motschulsky，属鞘翅目鳃金龟科。

分布 分布于吉林、辽宁、山西、河北、陕西、青海、河南、山东、江苏、安徽、浙江、湖北。

形态特征 成虫中大型，体长17～22mm，宽9.0～11.5mm；体长卵形，初羽化红棕色，后渐变为暗褐色或黑色。头部较小，具粗大刻点；触角10节，红褐色。中胸小盾片前缘凹入浅，小盾片中央具明显光滑的纵带。鞘翅两侧缘基本平行，各具4条纵肋，鞘翅上具淡色粉被无光泽。前足胫节外齿3个较钝，第一外齿

1.成虫 2.幼虫臀板腹面 3.蛹

尤钝。幼虫体长35～45mm。头部前顶刚毛各1根，位于冠缝两侧，多数个体无额前缘刚毛，少数有时只1～2根。臀节腹面只有散生的钩状刚毛。

危害状　食性杂，食量大，常将叶片全部吃光。

生活习性　成虫晚上活动，趋光性强，飞翔速度快，先集中在灌木上交配，20～22时为交配高峰，22时以后群集于高大乔木上彻夜取食，喜食加拿大杨、榆、椿、梨、花生、大豆、苹果、甘薯等的叶片。黎明前入土潜伏，具隔日出土习性。

发生规律　1年1代，多数以三龄老熟幼虫筑土室越冬，少数以成虫越冬。以成虫越冬的成为翌年5月出土的虫源；以幼虫越冬的，一般春季不危害，于4月初至5月初开始化蛹，5月中旬为化蛹盛期。蛹期15～20d，6月上旬开始羽化，盛期在6月中旬，7月中旬至8月中旬为成虫活动高峰期。7月初田间始见卵，盛期为8月中旬。卵期8～10d，7月中旬开始孵化，7月下旬为孵化盛期。灌区发生重。初孵幼虫即可危害，秋季为幼虫危害盛期。

防治要点　基本同华北大黑鳃金龟，但暗黑鳃金龟有很强的趋光性，也可用黑光灯进行诱杀。

棕色鳃金龟

学名 *Holotrichi titanis* Reitter,属鞘翅目鳃金龟科。

分布 分布于辽宁、河北、山西、甘肃、陕西、山东、湖北、福建。

形态特征 成虫中大型,体长20mm左右,体宽10mm左右;体棕褐色具光泽。触角10节,鳃片3节。小盾片光滑三角形。鞘翅较长,为前胸背板宽的2倍,各具4条纵肋,第一、二条明显,第一条末端尖细,会合缝明显,前足胫节具3外齿,第三外齿退化仅留痕,内方矩1个位于第二齿下方对面。卵椭圆形;长3.0~3.6mm,宽2.1~2.4mm。幼虫体长45~55mm,乳白色。头部前顶刚毛每侧1~2根,绝大多数仅1根;肛腹片后部覆

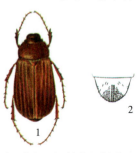

1.成虫 2.幼虫臀板腹面

毛区中间的尖刺列由短锥状刺组成,每列各为16~26根,多为20~24根,排列不整齐,少数个体排列整齐。蛹黄色,长21~24mm。

危害状 幼虫危害麦苗根茎,严重时造成缺苗断垄。

生活习性 成虫于傍晚活动,多于19时以后出土,出土后在低空飞翔,高度为0.3~2.0m,一次可飞数十米远,20时后逐渐入土潜藏。成虫在地表觅偶交配,雌虫交配后约经20天产卵,卵产于15~20cm深土层内,单产,单雌产卵13~48粒,平均26.3粒。成虫出土活动以上午平均温度10.3℃为临界,低于10.3℃则不出土。成虫基本不取食,雌虫偶可少量取食榆、槐、月季叶片。

发生规律 陕西渭北塬区2~3年完成1代,以二、三龄幼虫及成虫越冬。越冬成虫于4月上旬开始出土活动,4月中旬为成虫发生盛期。4月下旬开始产卵,6月上旬为卵初孵期。7月中旬至8月下旬幼虫达二至三龄,10月下旬下潜到35~97cm土层越冬,以50cm以下越冬量较大。翌年4月,越冬幼虫上升到耕层,危害小麦等作物地下部分,至7月中旬幼虫老熟,下潜深土层做土室化蛹,8月中旬羽化成虫当年不出土,越冬后翌春出土活动。土壤含水量15%~20%,最适卵和幼虫的生活。

防治要点 同华北大黑鳃金龟。

黑皱鳃金龟

学名 *Trematodes tenebrioides* Pallas，属鞘翅目鳃金龟科。

别名 无翅黑金龟。

分布 分布于辽宁、河北、山西、内蒙古、陕西、甘肃、山东、河南、江苏、安徽、江西、湖南。

形态特征 成虫体长15~16mm，宽6.0~7.5mm；黑色无光泽，刻点粗大而密，鞘翅无纵肋。头部黑色，触角10节，黑褐色。前胸

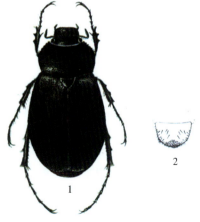

1. 成虫　2. 幼虫臀板腹面

背板横宽，中央具中纵线。小盾片横三角形，中央具明显的光滑纵隆线。前足胫节外齿3个，内方距1根，着生在第二外齿的对面；后足胫节具2端距。鞘翅卵圆形，具大而密排列不规则的圆刻点，除会合缝处具纵肋外无明显纵肋。后翅退化仅留痕，略呈三角形、卵圆柱形或圆形，约2.6mm×1.7mm。幼虫体长24～32mm。头部前顶刚毛多为各3根成一纵列，也有各4根的；腹肛片后部无刺毛列，只具钩状刚毛群。钩状刚毛35～40根，多数为38根。刚毛群的后端与肛门孔侧裂缝间有较宽的无毛裸区。蛹初化时乳白发亮，次日变为淡黄色，以后颜色逐渐加深成黄褐色，羽化前变为红褐色。

危害状　幼虫危害作物地下部分，危害小麦时，能将整株麦苗拉入土中，叶片在地表成一簇；成虫取食小麦的叶片、嫩芽、嫩茎。

生活习性　1头三龄幼虫可连续危害5～8株麦苗，多者可达10株。成虫除取食小麦外，也会取食玉米、高粱、棉花、苜蓿、薯类等多种作物的叶片、嫩芽、嫩茎。

发生规律　2年完成1代，以成虫或三龄幼虫及少数二龄幼虫越冬。越冬成虫于3月下旬气温上升到10.4℃时零星出土，4月上中旬气温升到14℃时大量出土。4月下旬开始产卵，每雌产卵量平均110粒左右。卵于5月下旬开始孵化，6月下旬为卵孵化盛期。大部幼虫于8月发育为三龄，待秋季小麦出苗后，危害至11月下旬，下潜越冬，翌春3月上旬当10cm处土温上升到7℃以上时开始活动，地温11℃时，绝大部分幼虫上升到地表危害。6月上旬开始化蛹。蛹期16～29d，6月下旬开始羽化。成虫当年不出土，越冬后于翌春出土活动。

防治要点 同华北大黑鳃金龟。

铜绿丽金龟

学名 Anomala corpulenta Motschulsky，属鞘翅目丽金龟科。

分布 分布于黑龙江、吉林、河北、陕西、甘肃、河南、江苏、安徽、浙江、江西、湖北、湖南、福建。

形态特征 成虫体长19～21mm，宽10.0～11.3mm。头、前胸背板、小盾片及鞘翅铜绿色，有闪光，但头及前胸背板色较深呈红铜绿色，鞘翅色较浅呈绿铜色。小盾片近半圆形。鞘翅各具4纵肋，第一条最显著，第二、三纵肋下端汇合处具不明显突起；肩部具瘤突，位于第三条纵肋上方。前足胫节具2外齿，较钝，

1.成虫 2.卵 3.幼虫危害状

内方距尖与第二外齿齿尖几乎在同一水平线上；前、中足大爪分叉，后足大爪不分叉。幼虫中型，体长30～33mm。肛腹板刺毛列每列各有11～20根长针状刺，多数为15～18根，刺毛列刺尖大部分彼此相遇或交叉，刺毛列的前区远未达到复毛区的前部边缘。

危害状 幼虫危害作物地下部分，危害小麦时，能将整株麦苗拉入土中，叶片在地表成一簇；成虫喜食杨树等的叶片。

生活习性 成虫具伪死性，白天潜伏，夜间活动，对灯光趋性很强。可以取食多种树木叶片，喜食杨、柳、苹果、梨、核桃、丁香、海棠、杏、葡萄、豆类、桑、榆等的叶片，尤喜危害叶背无毛的杨树如小叶杨、钻天杨等。喜产卵于疏松湿润的土壤中，多产于深5cm左右土层中，最深达12cm，一头雌虫产卵25～48粒。

发生规律 铜绿鳃金龟1年1代，主要以三龄幼虫越冬，个别二龄幼虫亦可越冬。越冬幼虫于4月上旬活动危害，5月中下旬开始化蛹。成虫6月上旬开始产卵，7月为盛卵期，6月末开始孵化，7月下旬到8月上旬为孵化盛期。秋播后危害小麦至11月进入越冬。

防治要点 基本同华北大黑鳃金龟，但铜绿丽金龟成虫具有很强的趋光性，灯光诱杀效果显著。

中华弧丽金龟

学名 *Popilia guadriguttata* F.，属鞘翅目丽金龟科。

别名 四纹丽金龟。

分布 分布于黑龙江、吉林、辽宁、河北、陕西、宁夏、青海、河南、山东、江苏、安徽、湖南、四川、福建、广东。

形态特征 成虫体长9.1～11.4mm，宽5.5～6.1mm。头、前胸背板、小盾片、足除跗节外，均青铜色，有强烈闪光。小盾片呈等边三角形。鞘翅宽短，浅褐色或黄褐色，有紫色闪光，具肩瘤突，纵肋5条，第一、二条在末端汇合。腹部第一至五节腹板两侧有白绒毛构成的斑点，臀板上有2个白绒毛斑。卵椭圆

1. 成虫　2. 幼虫臀板腹面

形，长1.4～1.6mm，宽0.9～1.1mm；乳白色。幼虫体长8～10mm；体呈C形。头部前顶刚毛各6～8根，排成一纵列；肛腹片后部覆毛区中间的尖刺列呈八字形岔开，每列各由6～7根锥状刺组成，亦有5或8根刺的。

危害状　以幼虫咬食小麦根茎，引起麦苗萎蔫，严重时造成缺苗断垄。

生活习性　成虫羽化后一般在土内潜伏3d左右出土。天亮至黄昏前均活动，夜间大部分入土潜伏，少数伏于叶背等隐蔽处。多在植株上部和顶部活动，受惊落地伪死，无趋光性。主要取食果树、林木及农作物的叶片及花，喜食害小杨树及苹果等果树的叶片，被害叶形成穿孔或叶缘残缺不全，严重时叶片仅残留叶脉。同种作物茬，近村庄虫口数量大，与近村庄果树多而成虫嗜食果树叶片有关。

发生规律　1年发生1代，主要以三龄幼虫越冬，少数二龄幼虫亦可越冬。越冬幼虫于4月中旬开始上迁，4月下旬至5月下旬是危害盛期，5月下旬老熟幼虫下潜至5～30cm深土层做土室化蛹。6月上旬成虫开始羽化，6月下旬至7月下旬大量出土活动。雌虫卵产于5～25cm深土层，卵期8～16d，9月幼虫大部进入三龄，危害秋播作物幼苗。11月中旬全部幼虫下潜至20cm以下深土层内越冬。

防治要点　同华北大黑鳃金龟。

小麦沟牙甲

学名 *Helophorus auriculatus* Sharp,属鞘翅目牙甲科。

别名 耳垂五沟牙甲。

分布 分布于陕西、河南、湖北。

形态特征 成虫体长约4.5mm,茶褐色。头黑褐色,具平伏的淡色毛,头顶中有一倒Y形黑线;复眼黑色,发达,向两侧突出;触角球棒状,9节;有的个体8节,三、四节合并为一较长的节。前胸背板发达,有5条褐色纵带。鞘翅上具稀疏长毛及5行纵脊,各纵脊间有两排凹入刻点,排列整齐,第四列纵脊中断,后段成为暗色纵突,上生长毛。老熟幼虫体长约9mm,体扁;淡灰褐色。腹部一至八节每节侧上方有1个淡褐色横长条斑,下方有2淡褐色斑,斑上有刚毛。末端腹面有1个突起,爬行时能起固定作用,有助于爬行。蛹长约5mm,乳白色,复眼赤褐色。腹末有2锥状延伸,黄褐色,端部尖锐。

危害状 幼虫于土下小麦根际处钻入苗内取食心叶,造成枯心苗,多发生于下湿地。

生活习性 麦收前成虫栖息土表下,未发现活动,麦收后灌水插秧,成虫可爬至麦秆、杂草等漂浮物上，或附在秧苗上，早、晚多在表面，中午则栖息叶背，水稻较高时可潜于最外一叶鞘内侧，往往数头聚在一起。水稻收后多集中在稻茬内，土内亦有少量，潮湿处虫量大。成虫不活跃，可静伏于水下稻茬上，数小时不动；飞翔力不强，无趋光性，具伪死性；交配时呈一字形，历时可达半小时。幼虫于土下小麦根际处钻入苗内取食心叶，造成枯心苗，多发生于下湿地。除危害小麦外，也取食看麦娘、早熟禾等禾本科杂草。

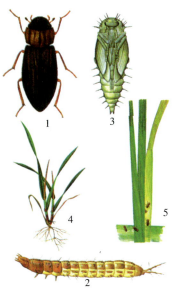

1. 成虫　2. 幼虫　3. 蛹
4. 幼虫危害状　5. 成虫危害状

发生规律 1年发生1代,以幼虫在麦田越冬。翌春3月幼虫老熟,在土内10cm左右深处做土室化蛹,蛹期约15d。3月下旬为成虫始发期,4月下旬全部羽化。成虫寿命甚长,4月羽化的成虫至9月下旬仍生活正常。自然情况下,稻麦两熟区5月下旬小麦收获后灌水插秧,成虫取食水稻叶鞘内侧,9月下旬水稻收后,田内仍有大量成虫,10月中旬成虫消失。

防治要点 (1)水旱轮作,减少虫源。(2)夏初插秧放水浆田时打捞浪渣,捕杀成虫。(3)药剂处理种子。(4)药剂处理土壤。

麦茎叶甲

学名　*Apophylia thalassina* Faldermann，属鞘翅目叶甲科。

别名　小麦钻心虫。

分布　分布于黑龙江、吉林、辽宁、河北、山西、内蒙古、陕西、宁夏、甘肃、青海。

形态特征　成虫体长6～9mm。头前端黄褐色，复眼黑褐色。前胸背板黄褐，上有黑色斑纹3个。鞘翅翠绿色，有光泽，密生黄色细毛；雌虫色较暗，足黄色，爪褐色。卵椭圆形，橙黄色，长约0.8mm。幼虫初孵时青灰色；老熟幼虫体长约12mm，淡黄褐色，头部黑褐色，体11节，每节背面具一横形暗褐色

1. 成虫　2. 卵

斑纹，中间横列两个小斑，两侧各有两个小圆斑，臀板黑色。蛹长约7mm，裸蛹，橙黄色。

危害状　幼虫从表土下1.5cm处钻入麦茎内危害嫩茎与心叶，造成枯心苗、白穗和无效分蘖，严重时大片麦田缺苗断垄，若遇多雨阴湿天气，虫株易腐烂，受害严重的地块可造成绝收。

生活习性　成虫取食刺蓟，有伪死性，喜在炎热晴朗的气候条件下交尾产卵，早、晚栖息刺蓟上不活动。幼虫孵化后于土表下约1.5cm处咬食小麦分蘖节处的幼嫩部分，继而钻入根茎部，轻者咬一小孔，重者蛀入茎内咬食，造成枯心苗。幼虫有转株危害习性，多在离地表1～2cm处移动。除危害小麦外，还危害大麦。

发生规律　1年发生1代，以卵在麦田土中越冬。渭北4月上旬开始孵化，4月下旬至5月上旬是幼虫危害盛期；5月上旬幼虫老熟开始化蛹，蛹期约10d，成虫始见于5月下旬，6月上旬为成虫盛发期。成虫寿命长达50d，羽化后5～7d交尾产卵，卵产于疏松土中或土缝内。多发生在较干旱地区。

防治要点　（1）合理轮作，避免危害。（2）及时清除田间刺儿菜等杂草。（3）成虫发生期喷药防治。

麦 茎 蜂

学名 *Cephus pygmaeus* L.，属膜翅目茎蜂科。

分布 全国各地均有分布。

形态特征 成虫体长约8.5mm，细长，黑色，具闪光。触角黑色细长，22节。胸部黑色，后胸小盾片黄色；翅茶褐色，前翅外缘色较浅。腹部黑色，雄体第二、三、五节背板后方有鲜黄色横斑，二、三节横斑中部凹入；雌体三、五、六背板后侧角处有一鲜黄色近三角形斑，第七节后缘黄色。卵肾形，白

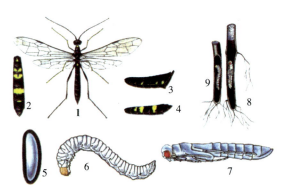

1. 雌成虫 2. 雄虫腹部背面 3. 雌虫腹部侧面
4. 雄虫腹部侧面 5. 卵 6. 幼虫 7. 蛹
8. 蛹越冬状 9. 幼虫越夏状

色，几乎透明，长约1.1mm。幼虫老熟时体长16～18mm，黄白色；头淡黄色，圆形；触角圆锥状，4节；体多皱褶，足退化，腹部末端呈管状，有助于在寄主植物茎内活动。蛹细长，约10mm，污白色。

危害状 幼虫在麦茎内钻蛀危害，引起断茎。

生活习性 成虫产卵于麦茎内壁上，产卵部位随小麦发育不同而有不同，一般多在穗节及穗下第二节上。幼虫孵化后先蛀入穗节危害，然后逐节下行，取食髓及韧皮部，破坏输导组织，影响养分、水分的输送，造成籽实瘪瘦。幼虫老熟后转至基部第一、二节茎内，用口器环截内壁，碰之截处折断，在断口处以虫粪堵之，做薄茧越夏并越冬。

发生规律 1年发生1代，以老熟幼虫在麦茬内越冬。秦岭山区越冬幼虫于5月中旬开始化蛹，蛹期7～10d，5月下旬成虫出现，6月上、中旬为产卵盛期。幼虫最早于6月初孵化，危害期30～40d，7月开始结薄茧越夏，幼虫期长达10个月。

防治要点 （1）麦收后及时深翻土壤，收集麦茬沤肥或烧毁，抑制成虫出土。（2）合理轮作倒茬。（3）发生严重的田块可于5月下旬成虫发生高峰期喷药防治。

小麦叶蜂

学名 *Dolerus tritici* Chu,属膜翅目叶蜂科。

别名 小黏虫。

分布 分布于黑龙江、吉林、辽宁、河北、山西、内蒙古、陕西、宁夏、甘肃、青海、河南、湖南、湖北、安徽、浙江、江西、广西、四川。

形态特征 雌成虫体长约9mm,雄稍短,除胸部背面部分锈黄色外,余均黑色,腹背闪蓝色光。触角线状9节,第三节最长。前胸背板、中胸前盾片前叶、两侧叶及翅基片锈黄色,小盾片黑色。翅几乎透明,前翅微显淡褐色,后翅无色,翅痣及翅脉黑褐色;后翅无色,足黑色。卵微呈肾形,淡绿色,表面光滑,长约1.5mm,宽0.5mm。老熟幼虫体长20mm左右,

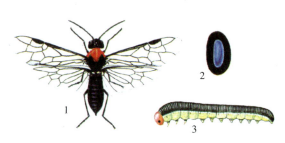

1.成虫 2.卵 3.幼虫

体圆筒形；灰绿色，体背色深；头部黄褐色，有网状花纹及黄褐色小斑点；每侧有一大型圆黑色眼斑，侧眼生于其中，触角锥状，5节；体背呈黑绿色，背中有一明显绿纵线；体多皱褶，胸部每节具4小节，腹部每节具6小节，气门生于前胸及一至八腹节。蛹长约9mm，初化蛹时淡黄绿色，羽化时变成黑色。

危害状 三龄后夜出蚕食麦叶，危害严重时可将叶片吃光，仅留主脉，使麦粒灌浆不足，严重影响产量。

生活习性 幼虫喜食小麦叶，也危害大麦、燕麦、青稞等。个别年份发生重，对小麦造成一定危害，大发生时，群众往往将其误认为黏虫。幼虫共5龄，具假死性。一至二龄幼虫日夜在麦叶上取食，三龄后畏强光，白天常潜伏在麦丛或附近土表下，傍晚开始危害麦叶至翌日上午10时下移躲藏。四龄后食叶量大增，可将整株麦叶吃光。成虫活动时间为上午9时至下午3时，飞翔力不强，有假死习性。雌虫多产卵于叶背主脉两侧的组织中，在叶面呈现长2mm，宽1mm的突起，剥查虫卵。每叶上产卵1～2粒或6～7粒，连成一串，卵期10d左右。

发生规律 1年发生1代，以蛹在土中20cm左右处结茧越冬。次年2～3月间羽化为成虫。4月中旬是幼虫危害最盛期。小麦抽穗时，幼虫老熟入土滞育越夏，至9、10月间蜕皮化蛹越冬。冬季温暖，土内水分充足，3月雨量少，春季温暖，麦叶蜂发生危害重；若冬季严寒、土壤干旱、3月降水多，春季冷湿，麦叶蜂发生则少。此外，沙性土壤比黏性土壤中发生重。

防治要点 （1）秋播前深耕翻土，破坏化蛹越冬场所。（2）水旱轮作，可彻底根治危害。（3）结合防治其他小麦害虫如黏虫、小麦吸浆虫或小麦蚜虫等，在三龄幼虫前，喷洒50%辛硫磷乳油，或48%乐斯本乳油1 500倍液。

麦红吸浆虫

学名 *Sitodiplosis mosellana* (Gehin)，属双翅目瘿蚊科。

别名 小麦红虫。

分布 分布于黑龙江、吉林、辽宁、河北、北京、天津、山西、内蒙古、陕西、宁夏、甘肃、青海、山东、江苏、安徽、浙江、江西、福建、河南、湖北、湖南。

形态特征 雌成虫体长2.0～2.5mm，翅展约5mm，体橘红色，密被纤毛。翅薄，透明，上有4条脉纹，生疏毛。足细长，灰黄色。触角长，14节，基部两节橘黄色；鞭节灰色，除第一节外，其余各节呈哑铃状，哑铃部生3圈刚毛，毛短。产卵管伸出时不超过腹长之半，产卵管末端腹瓣呈圆瓣状。雄虫体较小，长约2mm，翅展约4mm，色较暗。触角鞭节每节有2等长的结，外观有26节，每节生一圈刚毛。卵长卵形，淡红色，大小约为0.32mm×0.08mm。幼虫橘黄色，体长3.0～3.5mm，体表有鳞片突起。腹部气管在背部两侧，第八对气门着生在第八节背面两侧，不突出于体外。前胸腹面具Y形剑骨片，其中间呈锐角深凹，腹部末端有2对尖形突起，仅尖端几丁质化。蛹橘红色,长约2mm。从前胸背板处伸出1对长管(呼吸管),其前端长有1对细毛。

危害状 幼虫吸食麦粒浆液,使籽粒空瘪,严重时造成绝收。

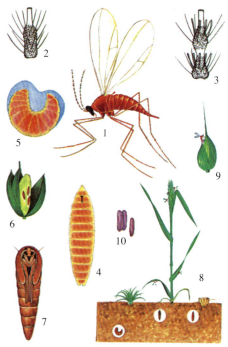

1. 雌成虫 2. 雌成虫触角中间的第一节
3. 雄成虫触角中间的第一节 4. 幼虫
5. 休眠幼虫 6. 幼虫危害状
7. 蛹 8. 各期虫态在土内的情况
9. 雌成虫产卵状 10. 卵

生活习性 成虫畏强光和高温，以早晨和傍晚活动最盛，大风大雨或晴天中午常藏匿于植株下部。雄虫多在麦株下部活动，而雌虫多在高出麦株10cm左右处飞舞，并可借助风力扩散蔓延。成虫羽化的当天即可交尾产卵，已扬花的麦穗由于颖壳闭合，很少着卵。卵多散产于外颖背上方，也有少数产于小穗间和小穗柄等处。单雌每次产卵1～3粒，一生可产卵50～90粒。幼虫孵化后从内外颖缝隙侵入，贴附于子房或刚灌浆的麦粒上吸食浆液。被害小麦的千粒重随虫量增加有规律的下降。越冬幼虫破茧上升土表后若遇长期干旱，仍可入土结茧潜伏。

发生规律 小麦吸浆虫1年发生1代，以老熟幼虫在土中结圆茧越夏、越冬。早春气候适宜时，越冬幼虫破茧上升土表化蛹、羽化。由于幼虫有多年休眠习性，部分幼虫仍继续处于休眠状态，以致有隔年或多年羽化的现象。在黄淮地区，越冬幼虫翌年春季小麦返青拔节期开始破茧上升，4月中旬小麦孕穗期，幼虫陆续在约3cm的土层中做土室化蛹。4月下旬小麦抽穗期时，成虫盛发产卵于尚未扬花的麦穗上。小麦扬花灌浆期往往又与幼虫孵化危害期相吻合。至小麦渐近黄熟，吸浆虫幼虫陆续老熟，遇降雨离穗落地入土，在土下6～10cm深处结圆茧休眠。根据陕西关中多年历史资料,当地麦红吸浆虫成虫发生盛期常年相对稳定在4月下旬至5月上旬。

防治要点 (1)合理轮作倒茬,避免小麦连作,麦茬及时耕翻曝晒等。(2)选种抗虫品种是从根本上控制吸浆虫危害最经济有效的措施。(3)小麦吸浆虫发生严重时,药剂防治仍是最重要的手段。于小麦吸浆虫化蛹盛期,选用50%辛硫磷乳油、40%甲基异柳磷乳油、80%敌敌畏乳油等1 500mL/hm^2,加水15～30kg喷拌于300kg细土中制成毒土,于下午4时以后均匀撒于麦田;或者于成虫羽化期采用上述药剂喷雾或熏蒸。

麦黄吸浆虫

学名 *Contarinia tritici* (Kirby),属双翅目瘿蚊科。

分布 分布于山西、内蒙古、陕西、宁夏、甘肃、青海、河南、湖北、四川。

形态特征 雌成虫体长约20mm,翅展约4.5mm,鲜黄色。产卵管伸出时长于整个身体,产卵管末端瓣呈尖瓣状。触角哑铃部着生刚毛较多,较不整齐。雄虫黄色较暗;触角鞭节每节膨大部分着生两圈刚毛。抱器基节光滑,端节端部有小而不明显的齿,腹瓣末端深凹分裂为两瓣。卵大小为0.250 mm×0.068mm,末端有透明带状附属物,约与卵等长。幼虫体长

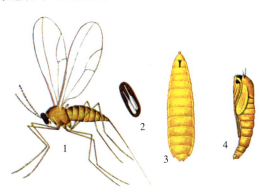

1.雌成虫 2.卵 3.幼虫 4.蛹

2.0～2.5mm，黄绿色，入土后为鲜黄色；体表光滑，腹部气管在体之两侧，腹末端有1对近几丁质化的圆形突起，在其两侧着生毛突1对。前胸"丫"形骨片，中间呈弧形浅凹。蛹鲜黄色，头部前有1对较长毛。

危害状 同麦红吸浆虫。

生活习性 麦黄吸浆虫的生活习性与麦红吸浆虫大致相似，只是成虫发生较麦红吸浆虫稍早，在春麦区危害青稞较重。

发生规律 基本同麦红吸浆虫。

防治要点 同麦红吸浆虫。

麦瘦种蝇

学名 *Hylemya coarctata* Fallen，属双翅目花蝇科。

别名 麦种蝇、瘦腹种蝇、麦根蛆。

分布 分布于黑龙江、山西、内蒙古、陕西、宁夏、甘肃、青海、新疆。

形态特征 雄蝇体长5～6mm，雌蝇稍长；灰黄色。触角黑色，触角芒羽状。胸部淡灰黄色，雄胸背隐显颜色稍深的纵纹。雄腹部窄长，前后大致等宽；雌腹部卵形。雄足黑色，但胫节黄色；雌腿节、胫节黄色，跗节黑色。翅黄色，翅脉黄色，腋瓣淡黄色，下腋瓣略短于上腋瓣；平衡棒黄色。卵乳白色，长椭圆形，微弯，卵表有纵纹；长1.0～1.2mm。幼虫蛆状，乳白色，近老熟时微呈黄色，长4.0～4.5mm，具6对肉质突起，第一对在第二对内侧上方，第五、六对着生在同一水平线上。前气门生于第一体节后方两侧，气门突扁，上生6个圆柱状小柄，气门在柄顶端；后气门突红褐色，生于腹末中上部，短圆柱形，每气门突上有3个长椭圆形气门小孔。蛹纺锤形，长5～6mm。初化蛹淡黄色，后变为褐色，羽化前变为黑褐色。

危害状 小麦返青拔节期,幼虫侵入基部,使麦株停止生长,心叶枯死,麦茎被害部位成黄褐色坏死。

生活习性 喜在生长稠密、比较荫蔽、湿度较大的环境中生活。夏季多在早晚活动,秋季则在中午活动。

发生规律 1年发生1代,以卵在土内越冬。翌春小麦返青后,越冬卵开始孵化,幼虫蛀入小麦茎内危害。幼虫老熟后钻入土内7~10cm深处化蛹,4月下旬开始化蛹,5月下旬至6月上旬为成虫羽化期。夏季成虫迁至苜蓿及秋作物田吸食花蜜。雄虫交配后,不久便死,雌虫9、10月产卵于土壤缝隙及疏松表土下2~3cm处。施用未完全腐熟的粪土,有利于成虫产卵。

防治要点 一般不需防治,个别情况下发生量大时,可于成虫发生期喷药防治。

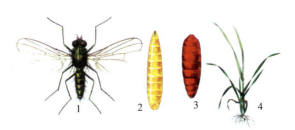

1.成虫 2.幼虫 3.蛹 4.被害状

绿麦秆蝇

学名 *Meromyza saltatrix* L.，属双翅目黄潜蝇科。

别名 麦秆蝇、麦粗腿秆蝇。

分布 分布于黑龙江、辽宁、河北、山西、内蒙古、陕西、宁夏、甘肃、青海、河南、山东、江苏、安徽、浙江。

形态特征 成虫体长雄3.0～3.5mm，雌3.7～4.5mm；越冬代绿色，其他各代黄绿色。胸部背面有3条纵带，越冬代纵带深褐色至黑色，其他世代土黄至黄褐色；中间一条纵带基部较宽，直达小盾片端，两侧纵带2分叉。腹部也有3条纵带，色泽与胸背纵带相同。翅无色透明有闪光，翅脉黄色，平衡棒黄色。卵白色，长约1.03mm，宽0.22mm，两端瘦削略似香蕉形。老熟幼虫体长6.0～6.5mm；越冬代幼虫绿色，其他各代淡黄色。前气门突着生于第二体节近末端两侧，各有6～8个气门小孔，突出呈横向扇形排列。后气门着生于腹部末端气门突的中间，各有4个气门小孔，排列成方形。蛹长5mm左右，体扁，越冬代绿色，其他世代黄绿色。

危害状 初孵幼虫从叶鞘或茎节间蛀入

麦茎或幼嫩的叶及穗基部呈螺旋状向下蛀食，在不同时间造成枯心苗、烂穗、白穗等。小麦灌浆期，幼虫可蛀入小穗内危害，遇雨小穗易霉烂。

生活习性　成虫白天活动，春、秋天气晴朗，10时后开始活动；夏季温度高，中午多潜伏不动。成虫有弱趋光性，趋糖蜜，常在荞麦、豌豆、苜蓿等花上取食花蜜。雌虫产卵多在叶片基部，喜在叶片光滑的品种上产卵。幼虫取食时头向下，将化蛹时才掉转方向至叶鞘上部外层化蛹。

发生规律　陕西关中地区1年发生4代，以第一代及第四代幼虫危害小麦。以幼虫在麦苗内越冬，春季2、3月越冬幼虫化蛹，4月上中旬越冬代成虫产卵。第一代幼虫4月中旬开始危害，5月上旬开始化蛹，第一代成虫发生于5月中旬至6月上旬。小麦收后，成虫多飞至苜蓿及杂草丛中栖息；落粒小麦出土后，在麦苗上产卵，可完成2代。8月在甘薯、荞麦地有成虫发生，10月秋播小麦出苗后，成虫飞至麦苗上产卵，幼虫孵化后在苗内危害并越冬。

防治要点　（1）深翻土地，精耕细作；适时早播，适当浅播；合理密植，避免或减轻受害。(2) 选种抗虫良种。(3) 常年发生较重的地区，冬麦区在3月中下旬，春麦区在5月中旬喷洒25%速灭威可湿性粉剂600倍液等进行防治。

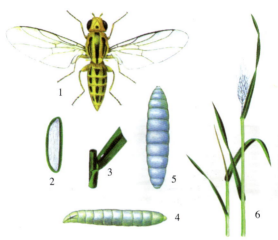

1. 成虫 2. 卵 3. 产卵部位 4. 幼虫
5. 蛹 6. 被害状

麦鞘毛眼水蝇

学名 *Hydrellia chinensis* Qi et Li，属双翅目水蝇科。

别名 大麦水蝇、麦水蝇。

分布 分布于陕西、甘肃、青海、四川、贵州。

形态特征 成虫雄体长2.5mm或略小，雌体长2.5～3.0mm。体色灰黑，触角芒上侧毛5～7根，个别8根。翅前方微带棕色，翅基淡褐，前缘脉第三段为第二段的0.47～0.56倍；平衡棒黄色。足大部黑色，具灰色粉被。

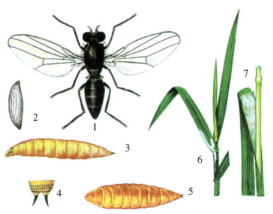

1. 成虫 2. 卵 3. 幼虫 4. 幼虫腹末
5. 蛹 6. 苗期被害状 7. 成株期被害状

腹部暗褐色，背面观几乎无粉被，带暗古铜褐色光泽。卵长约0.7mm，宽约0.2mm；乳白色。卵孔端较钝，具短柄，另一端较尖削。老熟幼虫体长约4.1mm；白色或微呈淡黄白色，18节，圆柱形，两端较细。腹末端背面有3、4列排列不整齐的褐色刺突，腹部末端有2突起，其上着生长锥状黑褐色气门片。蛹淡灰褐色，长约3.3mm，体前端背面向前方倾斜，末端有1对向上翘的锥形气门突。

危害状　以幼虫危害，幼虫孵化后即蛀入叶内取食叶肉，被害部位呈细长直线潜道。幼虫龄增大后，蛀入叶鞘危害，吃光叶肉只留表皮，麦叶枯黄，叶鞘变白，叶片下垂，有的蛀断生长点造成枯心。

生活习性　成虫对糖蜜有较强的趋性，同时还具趋嫩绿、喜阴湿等习性。春季多在苕子、蚕豆、油菜花上取食补充营养；秋季在荞麦花上取食花蜜，然后飞往麦田产卵。95%以上的卵产于叶片基部正面的叶脉间。

发生规律　陕西、四川1年发生2代。以幼虫或蛹在叶鞘内越冬。春季羽化的成虫，四川在3月中下旬为产卵盛期，陕西汉中为4月中下旬。小麦孕穗期幼虫从叶基入侵转移至叶鞘危害。在小麦近成熟时成虫羽化，迁至禾本科杂草或随风迁飞高海拔早播冬麦区或春麦区危害。秋季又迁回晚播冬麦区危害。产卵盛期在11月上、中旬。秋苗期在早播麦田危害，孕穗期主要在迟播麦田危害。水地着卵量远大于旱地，且危害也严重。凡品种叶嫩质柔、叶宽肉厚、叶脉间宽而凹陷；土壤肥力高、灌溉条件好、植株密度大；蜜源植物丰富；地理位置海拔高度低，则受害重，反之则轻。冬前，迟播麦田受害轻，早播麦田受害重；春季则与冬前相反，早播麦田受害轻，迟播麦田受害重。

防治要点 （1）选用抗虫品种，调节播种期，加强栽培管理，保护利用天敌。（2）穗期药剂防治，卵孵40%以上时选用50%杀螟松乳油、90%敌百虫晶体、40%乐果乳油等1 500倍液，或2.5%高效氯氟氰菊酯水乳剂2 000～3 000倍液喷雾。

麦叶灰潜蝇

学名 *Agromyza cinerascens* Macquart,属双翅目潜蝇科。

别名 小麦黑潜蝇、细茎潜蝇、日本麦叶潜蝇。

分布 分布于陕西、江苏。

形态特征 成虫体长3.1~3.4mm,翅长与体长基本相同。体黑色,胸部具薄粉被;中胸背板具翅内后鬃及小盾前鬃。翅透明,微带淡茶褐色,翅脉黄褐色;前缘脉达R_{4+5};腋瓣淡白褐色;平衡棒基部土黄色,端部白色。足黑色,但胫节基部、腿节膝褐色;雄跗节色淡带黄色。腹部黑色,具弱光;雌腹部第六、七两节浓黑色,有强光。卵白色,长0.48mm,椭圆形,末端稍细,中间有2小突起。幼虫体白色微带黄色,长3.55~4.50mm,宽0.85~1.20mm。各体节前缘有数排淡褐色小刺。前气门突柄状,各有气门小孔10个左右。后气门突紧邻,各具3个长椭圆形气门小孔。体后部末端有2肉质突起。蛹褐色至赤褐色;长约2mm。每体节间有暗色小点1列。前气门突柄较长,相距较远;后气门突小,下侧方有肉质突起1对。

危害状 幼虫孵化后在叶片组织内潜食,将叶尖部吃成透明袋状,内有黑色粪便;秋苗期往往一片叶被食殆尽,受害叶干枯;雌虫往往以产卵器刺破叶面组织,食汁液,被刺破处呈整齐的纵行,如缝纫机之针孔,并可逐渐变为褐色,如叶片被刺破面积大,局部叶片枯黄。除危害小麦外,也危害大麦。

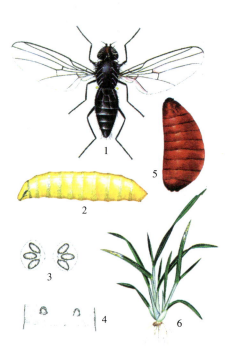

1.成虫 2.幼虫 3.幼虫后气门
4.幼虫前气门 5.蛹 6.危害状

生活习性 成虫产卵于叶尖部上表皮下组织内,幼虫孵化后在叶片组织内潜食,将叶尖部吃成透明袋状,内有黑色粪便;一叶内一般有虫1~2头;发生重的年份,一叶内2头虫者居多。

发生规律 陕西关中1年发生2代,以蛹在土内越冬。越冬蛹于3月中旬开始羽化,小麦拔节期出现危害状,幼虫一直危害至灌浆期;抽穗期大部幼虫老熟,入土化蛹越夏,秋季小麦出苗后,成虫羽化飞至麦苗上产卵,成虫发生至11月,幼虫孵化后在叶内危害至老熟,老熟幼虫落入土内化蛹越冬,幼虫老熟后个别在叶片组织内化蛹。春季多雨的年份,有利其发生,危害较重。

防治要点 (1)选用抗虫品种,调节播种期,加强栽培管理,保护利用天敌。(2)穗期药剂防治,卵孵40%以上时选用50%杀螟松乳油、90%敌百虫晶体、40%乐果乳油等1 500倍液,或2.5%高效氯氟氰菊酯水乳剂2 000~3 000倍液喷雾。

麦 岩 螨

学名 *Petrobia lateens* (Muller)，属蜱螨目叶螨科。

别名 麦长腿红蜘蛛。

分布 分布于北京、河北、山西、内蒙古、陕西、甘肃、青海、新疆、河南、山东、江苏、湖北、四川。

形态特征 雌成螨体长约0.60mm，宽0.34mm；椭圆形；身体大部分为黑红色，颚体段、前肢体段和后肢体段中央及身体腹面中央部分和四对足均呈橙红色；体背皮肤具不甚明显的指纹状刻纹；背刚毛短，纺锤形，具茸毛，前肢体段刚毛较其余刚毛均长，中后两对刚毛和后肢体段背中和背侧的6对刚毛长短相似，茸毛和臀毛等长。4对足均细长，第一对特长，超过二、三对的2倍。第四对次之，二、三对足长短相似。雄成螨体梨形，长0.46mm，宽0.27mm，体背具极细的指纹状刻纹；体毛短，纺锤形，具茸毛。卵圆球形，橙红色。休眠卵直径0.19mm；非休眠卵直径0.15mm，具隆起的放射状条纹，顶端有柄。

幼螨体圆形,体长宽均约0.2mm,具3对足,初孵时鲜红色,取食后变为黑褐色。若螨足4对,体较长。

危害状 以成螨或**若螨**危害幼苗,刺吸麦叶汁液,破坏叶绿素,叶片呈一片白色斑点,影响光合作用,甚至枯死。寄主植物除小麦外,还有大麦、燕麦、豌豆、大豆、棉花及桃、柳、槐、桑等多种植物。

生活习性 喜干燥温暖,最适温度为14~20℃,最适湿度在50%以下。每天活动时间与麦圆叶爪螨有所不同,以中午前后活动最盛,但温度过高的中午则潜伏土下,遇风雨

1.成螨 2.休眠卵 3.繁殖期卵 4.危害状

也入土潜伏。成、幼螨均喜群集，具伪死性，遇震动即坠落地面。以孤雌生殖为主，雄成螨很少见。孤雌生殖卵产于麦田土块、小石头、秸秆及干叶上，休眠卵多产于柳、桃、桑等的树皮缝隙内，越冬卵则产于小麦根际及土壤缝隙间。

发生规律 1年发生3～4代，主要以成螨和卵在麦田越冬，部分卵在树皮上亦可越冬。冬季温暖的中午，越冬成螨仍可取食活动。翌春2～3月成螨开始活动，越冬卵于3月开始孵化，到4月上旬完成1代；二、三代分别发生于5月上旬和5月下旬至6月初；第三代产休眠卵越夏。秋季10月有的越夏卵直接越冬，有的孵化后继续繁殖危害，到11月下旬开始越冬。冬季及早春干旱，气温偏高，常导致大发生，造成小麦苗大面积枯黄而死。

防治要点 （1）轮作倒茬，避免小麦多年连作，既有利于作物生长，又可显著减轻小麦害螨危害。（2）麦收后浅耕灭茬早深耕，冬春合理进行麦田灌溉，减轻危害。（3）小麦黄矮病流行区结合防蚜避病，于小麦播种时进行种子处理和颗粒剂盖种，对小麦害螨也有明显地控制效果。（4）小麦害螨初盛期田间喷药进行防治。可选用的药剂有15%扫螨净乳油、20%哒螨灵可湿性粉剂、20%螨克乳油、73%克螨特乳油等1 500～2 000倍液。

麦圆叶爪螨

学名 *Penthaleus major* (Duges),属蜱螨目叶爪螨科。

别名 麦圆红蜘蛛、麦大背肛螨。

分布 分布于河北、山西、陕西、青海、河南、山东、江苏、浙江、安徽、湖北、四川。

形态特征 雌成螨体卵圆形;体长0.60~0.98mm,宽0.43~0.65mm;体黑褐,背面有横刻纹8条,在第二对足基部背面左右两侧各有1圆形小眼点,体背后部有隆起的肛门。第一对足最长,第四对次之,第二、三对长短相仿。足和肛门周围红色。卵麦粒状,长约0.2mm,宽0.10~0.14mm。初产时暗红色,

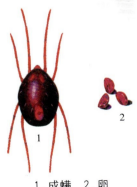

1. 成螨　2. 卵

以后渐变淡红色。卵表具五角形网纹。初孵幼螨足3对，等长；身体、口器及足均红褐色，取食后渐变暗绿色，若螨足4对，与成螨形态近似。

危害状　同麦岩螨。

生活习性　性喜阴湿，怕高温干燥，于6～9时和16～20时出现两次活动危害高峰，小雨天仍能活动。营孤雌卵生，至今尚未发现雄螨。卵多产于硬土块、土缝、砖瓦片、干草棒物体上，越夏和越冬卵的卵壳上覆有一层白色蜡质物，能耐夏季的高温多湿和冬季的干旱严寒。

发生规律　1年发生2～3代，以雌成螨和卵在麦株或杂草上越冬，以滞育卵越夏。翌年2月下旬雌成螨开始活动并产卵繁殖，越冬卵也陆续孵化。3月下旬至4月上旬田间虫口密度最大，是危害盛期。通常4月中旬以后田间密度开始减退，至小麦孕穗后期已极少见，田间出现大量越夏卵进入越夏。10月上旬越夏卵开始孵化，危害秋播麦苗或田边杂草。11月上旬出现成螨并陆续产卵，后随气温下降进入越冬阶段。完成1代需时46～80d，平均57.8d。麦圆叶爪螨发生的最适湿度在80%以上，故水浇地、地势低洼、秋雨多、春季阴凉多雨以及沙壤土条件下易成灾。

防治要点　同麦岩螨。